Rushikesh Roy
Nidhi Joshi

Estudo da atividade antimicrobiana de derivados de pirido[2,3-d]pirimidina-2-tiona

AF665851

Rushikesh Roy
Nidhi Joshi

Estudo da atividade antimicrobiana de derivados de pirido[2,3-d]pirimidina-2-tiona

Derivados de pirido[2,3-d]pirimidina-2-tiona

ScienciaScripts

Imprint

Any brand names and product names mentioned in this book are subject to trademark, brand or patent protection and are trademarks or registered trademarks of their respective holders. The use of brand names, product names, common names, trade names, product descriptions etc. even without a particular marking in this work is in no way to be construed to mean that such names may be regarded as unrestricted in respect of trademark and brand protection legislation and could thus be used by anyone.

Cover image: www.ingimage.com

This book is a translation from the original published under ISBN 978-3-659-86404-9.

Publisher:
Sciencia Scripts
is a trademark of
Dodo Books Indian Ocean Ltd. and OmniScriptum S.R.L publishing group

120 High Road, East Finchley, London, N2 9ED, United Kingdom
Str. Armeneasca 28/1, office 1, Chisinau MD-2012, Republic of Moldova, Europe
Managing Directors: Ieva Konstantinova, Victoria Ursu
info@omniscriptum.com

Printed at: see last page
ISBN: 978-620-8-52392-3

Copyright © Rushikesh Roy, Nidhi Joshi
Copyright © 2025 Dodo Books Indian Ocean Ltd. and OmniScriptum S.R.L publishing group

Conteúdo

Dedicado à minha avó

Agradecimentos:

Agradeço ao Departamento de Química da Universidade de Gujarat do Sul, Surat, por ter disponibilizado as instalações necessárias. Agradece-se à UGC-Info net e à INFLIBNET Gujarat University a disponibilização dos recursos electrónicos. Agradeço ao Departamento de Ciência e Tecnologia (DST), Governo de Gujarat. Agradeço também ao meu orientador de investigação, Dr. K. R. Desai, pela sua valiosa orientação. Agradeço ao Dr. M. R. Mehta (Diretor do Departamento de Química, Kalol, Gujarat) a sua orientação inspiradora e o seu encorajamento contínuo. Hitesh Patel (Departamento de Química, Universidade de Gujarat) pela sua assistência contínua durante a redação do livro, apesar de estar ocupado com o seu próprio trabalho. Muitos amigos e colegas contribuíram de diferentes formas para o desenvolvimento deste texto. O Sr. Manoj Bhoi e a Srta. Kinjal D Patel tornaram clara para mim a necessidade de um livro sobre inibidores selectivos de enzimas na descoberta de medicamentos. Pedi a vários colegas e amigos que lessem o texto integral do livro, e eles atenderam gentilmente a esses pedidos e forneceram comentários e sugestões atenciosos que melhoraram significativamente o conteúdo do livro. Estou grato à Professora Uma Sharma (Escola de Estudos em Química, Universidade de Vikram) que leu todo o manuscrito e deu muitas sugestões valiosas. Estou também em dívida para com o Dr. Ketan Parmar por ter lido o manuscrito e ter aceite graciosamente escrever o prefácio deste livro, e pela orientação e conselhos que me deu ao longo dos anos em que trabalhámos juntos. Gostaria também de estender os meus agradecimentos a todos os meus colegas e ao pessoal académico do Departamento de Química da Universidade de Gujarat do Sul, que me deram um feedback atencioso sobre as palestras que dei sobre alguns dos tópicos apresentados neste livro. Estes comentários e sugestões foram-me muito úteis para formular apresentações claras de tópicos por vezes complexos que precisavam de ser abordados. Finalmente, gostaria de agradecer à minha mulher, a Sra. Nidhi, e aos meus pais pela sua paciência e compreensão ao permitirem-me as muitas horas de solidão necessárias para completar este livro. Eles são as minhas fontes constantes de amor, inspiração, energia, encorajamento, discernimento, orgulho e diversão.

Expresso os meus agradecimentos científicos a Irina Rusu, Editora de Aquisições, Lambert Academic publication, Alemanha.

Aguardo com expetativa os comentários e sugestões de professores e alunos para modificações e melhorias em edições posteriores.

CAPÍTULO-1

(A) Introdução geral

A química orgânica é o estudo dos compostos que contêm carbono. As moléculas orgânicas contêm carbono e hidrogénio. Embora muitas substâncias químicas orgânicas também contenham outros elementos para além do carbono e do hidrogénio, é a ligação entre o carbono e o hidrogénio que as define como orgânicas. A química orgânica define a vida. Tal como existem milhões de tipos diferentes de organismos vivos neste planeta, existem milhões de moléculas orgânicas diferentes, cada uma com propriedades químicas e físicas diferentes. Existem substâncias químicas orgânicas que compõem o cabelo, a pele, as unhas, etc. A diversidade das substâncias químicas orgânicas deve-se à versatilidade do átomo de carbono.

A química orgânica é uma disciplina da química que envolve o estudo científico da estrutura, propriedades, composição, reacções e preparação (por síntese ou por outros meios) de compostos químicos constituídos principalmente por carbono e hidrogénio, que podem conter qualquer número de outros elementos, incluindo azoto, oxigénio, halogéneos, bem como fósforo, silício e enxofre .[1]

A química orgânica é de importância vital para as indústrias petroquímica, farmacêutica e têxtil, onde a principal preocupação é a síntese de novas moléculas orgânicas e polímeros. Os compostos que contêm apenas hidrogénio e carbono, dos quais existem muitos milhares, são designados por hidrocarbonetos; o mais simples é o metano (CH_4). Em geral, um determinado tipo de composto orgânico, como um álcool, um aldeído, um éter ou uma cetona, é identificado pela presença de um grupo funcional de átomos caraterístico. O grupo funcional é a parte da molécula mais responsável pela sua natureza química específica. Os compostos orgânicos que contêm azoto são de grande importância em bioquímica. Geralmente contêm o grupo amina (NH_2). As moléculas que contêm ambos os grupos NH2 e COOH são chamadas aminoácidos e são os blocos de construção das proteínas.

Composto orgânico

No século XVI, os compostos orgânicos foram isolados da natureza no estado puro (Scheele, 1769) e foram desenvolvidos métodos analíticos para a determinação da composição elementar (Lavoisier, 1784). Os cientistas acreditavam (Berzelius, 1807) que os produtos químicos orgânicos encontrados na natureza continham uma "força vital" especial que dirigia a sua síntese natural e, por conseguinte, seria impossível efetuar uma síntese laboratorial dos produtos químicos. Felizmente, no final do século, Frederich Wohler (1828) descobriu que a ureia, um componente natural da urina, podia ser sintetizada em laboratório através do aquecimento de cianato de amónio.

A sua descoberta significou que a "força vital" natural não era necessária para sintetizar compostos orgânicos e abriu caminho para muitos químicos sintetizarem compostos orgânicos. Em meados do século XIX, muitos avanços tinham sido feitos na descoberta, análise e síntese de muitos novos compostos orgânicos. A compreensão das estruturas da química orgânica começou com uma teoria de ligação chamada teoria da valência (Kekule, Couper, 1858). A química orgânica tornou-se numa ciência produtiva e excitante no século XIX. Foram desenvolvidos muitos novos métodos sintéticos, mecanismos de reação, técnicas analíticas e teorias estruturais. Todos os compostos orgânicos são constituídos por carbono em combinação com um ou mais elementos. Os elementos mais comuns são o H, o O e o N. Outros elementos que ocorrem menos frequentemente nos compostos orgânicos são o P, o S, os halogéneos e os metais. Existem três tipos principais de compostos orgânicos: alifáticos, aromáticos e heterocíclicos.

Síntese orgânica

A síntese orgânica é um ramo especial da síntese química e diz respeito à construção de compostos orgânicos através de reacções orgânicas. As moléculas orgânicas podem frequentemente conter um nível de complexidade mais elevado do que os compostos puramente inorgânicos, pelo que a síntese de compostos orgânicos se tornou num dos aspectos mais importantes da química orgânica. Existem duas áreas principais de investigação no domínio geral da síntese orgânica: a síntese total e a metodologia.

Síntese total

Uma síntese total[2] é a síntese química completa de moléculas orgânicas complexas a partir de precursores simples, comercialmente disponíveis (petroquímicos) ou naturais. Numa síntese linear, existe uma série de etapas que são executadas uma após a outra até que a molécula seja produzida - isto é frequentemente adequado para uma estrutura simples. Os compostos químicos produzidos em cada etapa são geralmente referidos como intermediários sintéticos. Para moléculas mais complexas, é frequentemente preferida uma síntese convergente. É aqui que várias "peças" (intermediários-chave) do produto final são sintetizadas separadamente e, em seguida, acopladas umas às outras, geralmente perto do final da síntese. O "pai" da síntese orgânica moderna é considerado Robert Burns Woodward, que recebeu o Prémio Nobel da Química de 1965 por vários exemplos brilhantes de síntese total, como a síntese da estricnina em 1954.[3] **Metodologia:**

Cada etapa de uma síntese envolve uma reação química, e os reagentes e as condições para cada uma destas reacções devem ser assinados de modo a obter um bom rendimento e um produto puro, com o mínimo de trabalho possível3. Os produtos intermédios são compostos que nunca foram produzidos antes e que serão normalmente produzidos utilizando métodos gerais desenvolvidos por investigadores em metodologia. Para serem úteis, estes métodos têm de produzir rendimentos elevados e ser fiáveis para uma vasta gama de substratos. A investigação metodológica envolve normalmente três fases principais - descoberta, otimização e estudos de *âmbito e limitações*. A *descoberta* exige um vasto conhecimento e experiência das reactividades químicas dos reagentes adequados. A otimização é quando um ou dois compostos iniciais são testados na reação sob uma grande variedade de condições de temperatura, solvente, tempo de reação, etc., até se encontrarem as condições ideais para o rendimento e pureza do produto. Em seguida, o investigador tenta alargar o método a uma vasta gama de diferentes materiais de partida, para descobrir o seu alcance e limitações. Alguns grupos de investigação de maior dimensão podem então realizar uma síntese total (ver acima) para apresentar a nova metodologia e demonstrar o seu valor numa aplicação real.

Reação orgânica

As reacções orgânicas são importantes na produção de produtos farmacêuticos. Numa revisão de 2006[4] , estimou-se que 20% das conversões químicas envolviam a alquilação de átomos de azoto e oxigénio, outros 20% envolviam a colocação e remoção de grupos protectores, 11% envolviam a formação de novas ligações carbono-carbono e 10% envolviam interconversões de grupos funcionais. As reacções orgânicas mais antigas são a combustão de combustíveis orgânicos e a saponificação de gorduras para produzir sabão. A química orgânica moderna começa com a síntese de Wohler em 1828.

Compostos heterocíclicos

A substituição de um ou mais átomos de carbono do anel na molécula de um composto carbocíclico por um heteroátomo dá origem a um composto heterocíclico. Um produto natural ocorre frequentemente em quantidades muito pequenas e, por conseguinte, é difícil de isolar a partir de fontes naturais. O químico orgânico pode resolver o problema através de uma síntese laboratorial. O químico heterocíclico pode fornecer a informação básica sobre o método de síntese e as propriedades desses compostos, o que ajuda a estabelecer a sua função biológica e auxilia na conceção de fármacos úteis de estrutura relacionada. O papel do químico pode ser ilustrado considerando as propriedades de dois compostos que ocorrem naturalmente, a serotonina e a histamina .[5]

Os compostos heterocíclicos são compostos orgânicos que contêm uma estrutura em anel com átomos para além do carbono, como o enxofre, o oxigénio ou o azoto, como parte do anel[6] . Podem ser anéis aromáticos simples ou anéis não aromáticos. O número de átomos no anel heterocíclico pode variar de três a muitos.

O anel mais pequeno possível é de três membros, por exemplo, o óxido de etileno, mas são possíveis anéis muito grandes, como no caso do éter de coroa. Os compostos heterocíclicos podem conter mais do que um anel. Muitos compostos heterocíclicos, incluindo algumas aminas, são cancerígenos.

Quando um dos átomos de carbono do ciclopentano é substituído por um átomo de azoto, obtém-se o composto pirrolidina:

Todos os nomes preferidos dos anéis contendo azoto terminam em azol. Os triazóis e os tetraazóis, com três e quatro átomos de azoto nos anéis, respetivamente, são designados sistematicamente, tal como a maioria dos heterociclos que contêm azoto em combinação com oxigénio e sulfureto .[7]

Outros compostos heterocíclicos podem ser imaginados como tendo sido produzidos (de forma semelhante) a partir do ciclopentano por substituição com **outros10heteroátomos** ou a partir de outros compostos carbocíclicos por substituição com azoto ou outros heteroátomos. Os compostos aromáticos, embora insaturados, são extremamente estáveis e não sofrem facilmente as reacções de adição caraterísticas de outros compostos insaturados. O benzeno, a piridina e outros compostos com seis electrões obedecem à regra de Huckel para n = 1. Estes são, de longe, os grupos mais numerosos e mais importantes de compostos que podemos designar por "aromáticos"[8] .

A estabilidade e a reatividade dos sistemas aromáticos estão associadas à presença de três pares de electrões, os chamados electrões, associados às três ligações duplas do anel. Em conjunto, estes electrões, que constituem o chamado sexteto aromático, formam uma estrutura invulgarmente estável associada ao anel aromático como um todo e não aos pares de átomos individuais.

Os heterociclos também podem ser classificados como parafínicos, olefínicos e aromáticos. Assim, a pirrolidina é um composto heteroparafínico que não contém ligações duplas, enquanto o 2,5-dihidrofurano é um composto hetero-olefínico e a piridina é uma substância heteroaromática típica, como mostram as seguintes fórmulas estruturais, na primeira das quais estão representadas as ligações duplas e na segunda o sexteto aromático está indicado por um círculo.

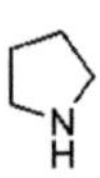

pyrolidine

2,5-dihydrofuran

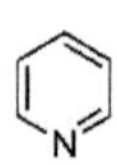

pyridine

Esta classificação relaciona diretamente a química dos heterociclos com a dos derivados não heterocíclicos, que são geralmente mais conhecidos. Em geral, os métodos sintéticos e

As propriedades físicas e químicas dos compostos heteroparafínicos saturados e dos compostos hetero-olefínicos parcialmente insaturados assemelham-se muito às dos seus análogos acíclicos (não cíclicos). Os compostos heterocíclicos são uma das principais classes de compostos químicos orgânicos caracterizados pelo facto de os átomos das suas moléculas estarem unidos em anéis que contêm pelo menos um átomo de um elemento diferente do carbono .[9]

Compostos Heterocíclicos Saturados:

A formação de um anel alicíclico a partir de um composto acíclico faz relativamente pouca diferença nas propriedades do composto. O mesmo princípio aplica-se à formação de um composto heterocíclico saturado a partir dos compostos acíclicos correspondentes, desde que o ambiente do heteroátomo não seja alterado significativamente. Assim, os éteres, sulfuretos e aminas cíclicos saturados são muito semelhantes, em termos de propriedades físicas e químicas, aos análogos éteres dialquílicos, sulfuretos e di e trialquil aminas. As diferenças surgem nos compostos de anéis pequenos, em que a reatividade química é grandemente reforçada pela deformação em anéis de três membros e em menor grau, mas ainda assim significativo, em anéis de quatro membros. Além disso, as propriedades que dependem criticamente de requisitos estéricos, particularmente de pares de electrões solitários no heteroátomo, podem ser significativamente alteradas. Assim, é possível obter uma aproximação muito boa das propriedades do tetra-hidropirano e da piperidina a partir das do éter etilpropílico e da etilpropilamina, respetivamente. A piperidina é uma amina alifática secundária atípica com a mesma força de base que a etilpropilamina; no entanto, é substancialmente mais reactiva como nucleófilo, devido à redução da restrição estérica do par solitário do azoto causada pela formação do anel.

Compostos Heterocíclicos Parcialmente Insaturados:

Os mesmos princípios gerais também se estendem aos parcialmente insaturados, com as complicações adicionais esperadas da presença da(s) ligação(ões) dupla(s), especialmente em anéis pequenos, se a ligação dupla estiver conjugada com o heteroátomo, então são observadas as consequências esperadas da deslocalização de electrões; assim, tais compostos de oxigénio e azoto são éteres de enol e enaminas, respetivamente, e mostrarão a reatividade modificada apropriada. Mais uma vez, tal como previsto, os compostos di-hidro-heteroaromáticos oxidam muito rapidamente para o composto aromático .[10]

Os compostos heterocíclicos têm uma grande aplicabilidade em produtos farmacêuticos, porque têm uma reatividade química específica e fornecem falsos síntons no processo biossintético ou bloqueiam o funcionamento normal dos receptores biológicos. Alguns compostos heterocíclicos devem, idealmente, ter um largo espetro de atividade com uma rápida ação bactericida. A procura de novas moléculas heterocíclicas e a identificação da atividade dos respectivos fármacos é contínua. Ter o cuidado de sintetizar novas moléculas heterocíclicas de menor toxicidade, ausência parcial ou total de efeitos secundários indesejáveis, maior valor nutritivo, melhor estabilidade, diminuição do custo de produção e verificar a melhoria qualitativa ou quantitativa da atividade em relação aos medicamentos padrão.

Os compostos heterocíclicos têm grande importância biológica.

1. Têm uma reatividade química específica.

2. Assemelham-se ao metabolismo essencial e podem também fornecer falsos sintões no processo biossintético.

3. Ligam-se aos receptores e bloqueiam o seu funcionamento normal. (actuam como antagonistas)

4. Fornecem blocos de construção convenientes aos quais podem ser ligados substituintes biologicamente activos.

As interessantes actividades biológicas dos heterociclos estimularam um trabalho de investigação considerável nos últimos anos, incluindo a utilidade sintética.

Os compostos heterocíclicos podem ser sintetizados por reacções de ciclização (acompanhadas pela eliminação de pequenas moléculas), reacções de adição (formação de adutos), reacções de transformação de anéis ou substituição envolvendo grupos. A formação de heterociclos a partir de compostos acíclicos altera a reatividade. A piperidina é mais reactiva do que a etilpropilamina devido à redução do impedimento estérico do par solitário de azoto.[1]

(B)Importância para a vida e a indústria:

Os compostos heterocíclicos estão amplamente distribuídos na natureza e são essenciais para a vida de várias formas. São predominantes em todos os tipos de produtos farmacêuticos, agroquímicos e veterinários. Uma vez que os compostos naturais mais potentes, os alcalóides, são heterociclos. As manipulações dos compostos heterocíclicos são fáceis de realizar, muito subtis e, no entanto, têm um grande impacto na sua reatividade. É por esta razão que os heterocíclicos são tão amplamente utilizados. As variações podem ser pequenas alterações na acidez/base, na polaridade ou na suscetibilidade a ataques nucleofílicos ou electrofílicos.

Infelizmente, a maioria dos compostos naturalmente activos só estão disponíveis em quantidades muito pequenas e são difíceis de isolar. Uma síntese bem sucedida conduz a rendimentos mais elevados da substância desejada do que a sua extração a partir de fontes naturais e torna possível a investigação sobre a substância. O fabrico e a manipulação de compostos heterocíclicos activos são de grande valor para os químicos porque lhes permite personalizar produtos farmacêuticos para muitas aplicações.

Apenas alguns compostos heterocíclicos naturais na sua forma nativa são adequados para utilização direta. Normalmente, estes compostos são demasiado raros, instáveis e tóxicos. Na síntese orgânica, os heterociclos são intermediários úteis, uma vez que são geralmente suficientemente estáveis para passarem inalterados por várias etapas de reação. No final, podem ser clivados ou modificados.

Anéis com três membros

Os heterociclos de três anéis com átomos simples de azoto, oxigénio e enxofre - aziridina, oxirano (ou óxido de etileno) e tiirano, respetivamente - e os seus derivados podem ser preparados por reacções nucleofílicas. Assim, a aziridina é formada pelo aquecimento do α-amino etil hidrogenossulfato com uma base. Uma reação deste tipo está envolvida na ação do gás mostarda, ou sulfureto de diclorodietilo, um gás venenoso utilizado na Primeira Guerra Mundial. O próprio gás mostarda fecha o anel para dar um derivado de tiirano, o agente biologicamente ativo.

Comercialmente, o oxirano e (em menor grau) a aziridina são importantes produtos químicos industriais a granel; o oxirano é preparado em grande escala pela reação direta do etileno com o oxigénio.

Os polímeros e copolímeros de oxirano e aziridina são plásticos úteis. Embora a aziridina, o oxirano e o tiirano sejam heteroparafínicos, são muito mais reactivos do que as aminas, éteres ou sulfuretos normais correspondentes, devido à tensão inerente ao anel de três membros. Este comportamento reflecte a maior reatividade comparável do composto carbocíclico relacionado, o ciclopropano.

Anéis com quatro membros

A azetidina, o oxetano e o tietano - os quatro anéis membros que contêm, respetivamente, átomos de azoto, oxigénio e enxofre - são preparados por reacções de deslocamento nucleofílico, tais como as utilizadas para preparar os anéis de três membros correspondentes.

No entanto, no caso dos anéis com quatro membros, as reacções são menos rápidas do que as reacções análogas para a formação dos anéis com três membros. Do mesmo modo, as reacções de abertura de anéis dos heterociclos com quatro membros assemelham-se qualitativamente às dos anéis com três membros correspondentes, mas ocorrem com menor rapidez. Os heterociclos mais importantes com anéis de quatro membros são duas séries de antibióticos relacionados, as penicilinas e as cefalosporinas, ambas contendo o anel azetidinona. A química das azetidinonas, ou β-lactamas[12] , como também são designadas, foi explorada exaustivamente durante a investigação intensiva sobre a estrutura e a síntese da penicilina que teve lugar durante a Segunda Guerra Mundial; no entanto, a síntese prática da penicilina só foi conseguida[13] , em 1959.

Anéis de cinco membros com um heteroátomo

Os compostos aromáticos originais da família - pirrol, furano e tiofeno. Os análogos saturados são designados por pirrolidina, tetra-hidrofurano e tiofeno, respetivamente. Os compostos bicíclicos que contêm um anel de benzeno fundido a um anel de pirrol, furano ou tiofeno são conhecidos, respetivamente, como indol, benzofurano e tionafteno.

O pirrol ocorre no óleo de ossos, no qual é formado pela decomposição pirolítica das proteínas (induzida por um forte aquecimento). Encontram-se anéis de pirrol reduzidos nos aminoácidos essenciais prolina e hidroxiprolina, que são componentes da maioria das proteínas. Os derivados do pirrol são de ocorrência natural generalizada: o pigmento sanguíneo hemoglobina e compostos relacionados, as clorofilas e a vitamina B12 são todos formados por quatro núcleos de pirrol dispostos num grande anel, como o da clorofila b.[14]

O importante corante índigo era anteriormente obtido a partir de fontes naturais, mas atualmente é sintetizado em grande escala.

A púrpura de Tyrian, um corante utilizado na época clássica, é 6,6'-dibromoindigo (com átomos de bromo nos carbonos numerados).

Existem outros derivados de indol na natureza. O triptofano é um aminoácido essencial presente na maioria das proteínas, e um dos seus produtos de degradação é o skatole, presente nas especiarias. O ácido indole-3-acético é uma hormona de crescimento vegetal e muitos alcalóides vegetais contêm anéis de indol.

Todos os hidratos de carbono, a família bioquímica que inclui os açúcares e os amidos, são compostos por uma ou mais unidades de açúcar (monossacáridos). Estes açúcares são polihidroxi aldeídos ou polihidroxi cetonas, que existem frequentemente sob a forma de furanosídeo, ou seja, sob a forma aciclizada com um anel de cinco membros de furanose (por exemplo, frutose ou açúcar de fruta), como a frutofuranose.

A desidratação de certos hidratos de carbono produz derivados de furano; de grande importância comercial é a conversão de um hidrato de carbono das espigas de milho em furano-2-aldeído, ou furfural, que é amplamente utilizado como solvente, no fabrico de plásticos e na preparação de outros derivados de furano. Muitos outros furanos reduzidos ocorrem naturalmente, incluindo a vitamina C.

Outros derivados do furano de importância industrial são o solvente tetrahidrofurano, preparado a partir do furfural, e os hidretos maleico e ftalicânico, constituintes importantes de resinas e plásticos. Estes compostos são preparados em massa pela oxidação do benzeno e do naftaleno, respetivamente.

O tiofeno e os compostos relacionados encontram-se no alcatrão de carvão e no petróleo bruto. O derivado biológico mais importante é a vitamina H (biotina). A biotina é um derivado reduzido do tiofeno. Certos derivados do tiofeno encontram-se em pigmentos de plantas e noutros produtos naturais. O anti-histamínico metapirileno (Thenylene) e alguns outros produtos farmacêuticos sintéticos contêm o núcleo de tiofeno, mas existem poucos compostos sintéticos de tiofeno de importância.

Anéis de seis membros com um heteroátomo

As mono-, di- e trimetilpiridinas são designadas por picolinas, lutidinas e colidinas, respetivamente, com a posição dos grupos metilo indicada por números - por exemplo, 2,4,6- colidina. Os ácidos piridina-2-, -3- e -4-carboxílicos também têm nomes triviais amplamente utilizados: picolínico, nicotínico (derivado da nicotina, da qual é um produto de oxidação) e ácido isonicotínico, respetivamente. A piridina e as picolinas, lutidinas e colidinas encontram-se no alcatrão de hulha e no óleo de ossos. Os derivados da piridina são também de grande importância biológica: a vitamina B6 é a piridoxina e outra vitamina do grupo B é a nicotinamida.

As coenzimas I e II são derivadas da nicotinamida e a codecarboxilase da piridoxina. Muitos alcalóides são derivados da piridina ou da piperidina, entre os quais a nicotina (tabaco) e a piperina (na pimenta).

A piridina, que é atualmente preparada cataliticamente em grande escala a partir do álcool tetrahidrofurfurílico e do amoníaco, é um solvente importante e um intermediário utilizado para produzir outros compostos.

As piridinas vinil-piridinas são monómeros importantes utilizados no fabrico de plásticos. As piridinas farmaceuticamente importantes incluem a isoniazida tuberculosa, o anestésico local α-eucaína, a sulfa piridina e o estimulante respiratório coramina.

As benzopiridinas isoméricas, como a quinolina15 e a isoquinolina, e as dibenzopiridinas isoméricas, como a acridina e a fenantridina, todos estes quatro compostos e alguns dos seus derivados alquílicos foram obtidos a partir do alcatrão de hulha. Cada um deles é também a substância parental de uma classe de alcalóides; destes, os grupos quinolina (por exemplo, quinina) e isoquinolina (por exemplo, morfina) são particularmente bem conhecidos. Os derivados sintéticos importantes das benzo- e dibenzopiridinas incluem membros da família dos corantes de cianina, alguns dos quais - por exemplo vermelho de etilo - são agentes sensibilizantes fotográficos e outros são anti-sépticos úteis para os estafilococos; antimaláricos como a mepacrina (também designada quinacrina ou Atabrina [nome comercial]) e a cloroquina; antibacterianos como a acriflavina (Tripaflavina [nome comercial]); tripanocidas como o cloreto de fenídio; e o reagente oxina (8-hidroxiquinolina ou 8-quinolinol), utilizado em química analítica.

Os compostos de seis membros, aromáticos, monocíclicos de oxigénio e enxofre são os compostos de pirílio e tiopirílio com cargas positivas (catiões).

Alguns açúcares são designados por piranoses por conterem anéis de seis membros. O catião benzopirílio é a origem de um grande número de produtos naturais. A vitamina E é um cromano substituído, enquanto o dicumarol, um anticoagulante sanguíneo, é um derivado da cumarina.[16]

O catião flavílio é o progenitor das antocianidinas, substâncias que se combinam com os açúcares para formar os pigmentos antociânicos, as matérias corantes vermelhas e azuis comuns das flores e dos frutos.

Anéis de cinco e seis membros com dois ou mais hetero-átomos

Poucos pirazóis ocorrem naturalmente; a antipirina (que reduz a febre) e o analgésico (que causa dor) e a tartrazina (corante alimentar e fotográfico) são importantes pirazóis sintéticos.

Os imidazóis são mais importantes do ponto de vista biológico[17] ; a histidina, por exemplo, é um aminoácido essencial, conhecido por ser de particular importância nas reacções enzimáticas. Pensa-se que um produto de degradação da histidina, denominado histamina, é responsável pelo desenvolvimento de alergias, daí a importância dos medicamentos anti-histamínicos.

Os tiazóis são de grande importância biológica. Esta estrutura em anel ocorre em importantes produtos naturais biologicamente activos[18] como a tiamina (vitamina B1), a bacitracina e as tepenicilinas, e em numerosos medicamentos sintéticos, corantes e produtos químicos industriais.

Outros compostos tiazólicos incluem a rodanina e o corante vermelho de rodanina dela derivado, e o corante amarelo primulina. Os fármacos sintéticos pertencentes à família dos tiazóis incluem o sulfatiazol, a sulfasuxidina e a tiazolsulfona (Promizole). O 2-mercaptobenzotiazol (Mertax) é um derivado do tiazol utilizado para acelerar a vulcanização da borracha.

A maioria dos sistemas bicíclicos derivados destes anéis de cinco membros são designados sistematicamente, ou seja, através da utilização do prefixo benz- para indicar a presença do anel benzénico. Benzimidazol, por exemplo, é o nome do composto. Abenzimidazol[19] unidade ocorre na vitamina B12.

As três diazinas monocíclicas (compostos de seis membros com dois átomos de azoto) são designadas por piridazina, pirimidina e pirazina.

A hidrazida maleica, derivada da piridazina, é um herbicida, e algumas pirazinas ocorrem naturalmente - o antibiótico como o ácido pergílico, por exemplo. O anel de pirazina faz parte de muitos compostos policíclicos de importância biológica ou industrial. A pirazina raramente é preparada. O seu hexa-hidroderivado, a piperazina, foi produzido pela primeira vez em 1888; vários dos seus derivados são utilizados como matérias-primas químicas.

As pirimidinas, no entanto, são os compostos deste grupo mais importantes[20] . O uracilo, a timina e a citosina são constituintes dos ácidos nucleicos. A tiamina (vitamina B1) e as drogas sulfadiazina, sulfamerazina e sulfametazina são usadas na terapia de doenças bacterianas e virais.

A vitamina B1 contém um anel pirimidina e os barbitúricos sintéticos que contêm um anel pirimidina são fármacos muito utilizados. São conhecidas várias oxazinas e tiazinas, mas são de pouca importância, com exceção do solvente morfolina.

Cinco outros sistemas policíclicos - purina, pteridina, aloxazina, fenoxazina e fenotiazina - desta família geral têm alguma importância.

Existem alguns alcalóides quinoxalinos; existem alguns produtos naturais de fenazina e são utilizados corantes de fenazina para tecidos. O primeiro corante sintético, a malva, é historicamente importante.

No entanto, do ponto de vista biológico, as purinas e as pteridinas têm uma importância muito maior. Duas purinas, a adenina e a guanina, estão presentes em todos os ácidos nucleicos, juntamente com as bases pirimidínicas mencionadas anteriormente.

Outras purinas naturais incluem a cafeína (presente no chá e no café), a obromina (presente no cacau) e o ácido úrico (um produto metabólico).

A adenosina mono-, di- e trifosfato (AMP, ADP e ATP, respetivamente) são importantes nos processos energéticos biológicos.[21]

A importância biológica dos compostos de pteridina tornou-se evidente. As primeiras pteridinas foram descobertas como pigmentos de asas de borboletas - por exemplo, 2-amino-4,6-pteridinedoona.

O ácido fólico, também uma pteridina, é um importante fator de crescimento. Esta vitamina tem uma grande variedade de fontes na dieta humana, incluindo vegetais de folha verde, citrinos, cereais, feijão, aves e gemas de ovo. Uma ingestão deficiente de ácido fólico pode prejudicar a formação de glóbulos vermelhos, resultando em anemia por deficiência de ácido fólico. A anemia por deficiência de ácido fólico pode resultar de distúrbios de má absorção, como a doença celíaca e o abeto tropical. As mulheres grávidas com uma ingestão insuficiente de ácido fólico têm maior probabilidade de dar à luz prematuramente ou de ter bebés com baixo peso à nascença ou com defeitos do tubo neural. Os medicamentos à base de sulfa atingem os seus efeitos antimicrobianos interferindo com a produção de ácido fólico nas bactérias.

A riboflavina, um derivado da aloxazina, é uma vitamina B. Também chamada vitamina B2, é um composto orgânico amarelo, solúvel em água, que se encontra em abundância no soro de leite (a parte aquosa do leite) e na clara do ovo. Um nutriente essencial para os animais, a vitamina B2 pode ser sintetizada por plantas verdes e pela maioria das bactérias e fungos. A fluorescência amarelo-esverdeada do soro de leite e da clara de ovo é causada pela presença de riboflavina, que foi isolada na forma pura em 1933 e sintetizada pela primeira vez em 1935.

A fenotiazina é um anti-helmíntico (agente de eliminação de vermes), bem como o progenitor de uma família de corantes - tal como o anti-helmíntico (agente de desparasitação) amplamente utilizado em medicina veterinária. A fenotiazina é um composto orgânico eficaz contra uma vasta gama de parasitas em bovinos, cavalos, aves de capoeira, ovinos e suínos. Uma droga altamente tóxica, a fenotiazina não é recomendada para uso humano e não é eficaz em cães ou gatos. Alguns dos fármacos antipsicóticos mais úteis são derivados da fenotiazina. São amplamente utilizados para tratar os sintomas de pessoas que sofrem de esquizofrenia, depressão psicótica, fase maníaca da depressão maníaca e psicoses orgânicas. As fenotiazinas suprimem ou atenuam sintomas como alucinações, delírios, agitação e pensamento desordenado. Aparentemente, os fármacos atingem o seu efeito tranquilizante através do bloqueio da transmissão da dopamina no cérebro. Entre as fenotiazinas mais utilizadas encontram-se a clorpromazina, a tioridazina e a trifluoperazina.

O azul de metileno é uma substância muito utilizada como corante biológico, na análise do leite para deteção de infecções tuberculosas e como indicador químico de oxidação-redução. O azul de metileno é um corante orgânico azul-esverdeado brilhante, pertencente à família das fenotiazinas. É utilizado principalmente em fibras vegetais macias (como a juta, o linho e o cânhamo) e, em menor escala, em papel, couro e algodão mordente. Tinge a seda e a lã, mas a sua solidez à luz é muito fraca nestas fibras.

Anéis com sete ou mais membros

Os heterociclos insaturados de sete membros com um átomo de azoto, oxigénio ou enxofre são designados sistematicamente por azepinas[22] , oxepinas e tiepinas, respetivamente. medida que o tamanho do anel aumenta, a gama de compostos que podem ser obtidos através da variação do número, tipo e localização dos heteroátomos aumenta enormemente. No entanto, a química dos compostos heterocíclicos com anéis de sete ou mais membros ainda está relativamente pouco desenvolvida, principalmente porque a formação de tais anéis é geralmente difícil, tal como a formação de grandes anéis carbocíclicos. Estes anéis maiores, no entanto, podem ser muito estáveis uma vez formados, e é provável que o conhecimento da sua química aumente rapidamente num futuro próximo. Alguns heterociclos de anéis maiores existem em produtos naturais; as porfirinas estão amplamente distribuídas como pigmentos - por exemplo, as clorofilas e as hemoglobinas mencionadas acima.

"A química medicinal continua a ser uma ciência desafiante que proporciona uma profunda satisfação aos seus praticantes. Intriga aqueles de entre nós que gostam de resolver problemas colocados pela natureza. Aproxima-se cada vez mais da bioquímica e de todos os enigmas físicos, genéticos e químicos da fisiologia animal que afectam a medicina. Os químicos medicinais têm a possibilidade de participar nos aspectos fundamentais da prevenção, da terapia e da compreensão das doenças, contribuindo assim para uma vida mais saudável e mais feliz. "ALFRED BURGER[23] citou o texto acima na sua famosa obra de referência.

***Alfred Burger[16]* (C)Medicine & Drugs:**

(1) Medicina

Um *medicamento* ou *fármaco* é uma droga tomada para curar e/ou melhorar os sintomas de uma doença ou condição médica, ou pode ser utilizado como medicina preventiva que tem benefícios futuros, mas não trata quaisquer doenças ou sintomas existentes ou pré-existentes. Os medicamentos são normalmente produzidos por empresas farmacêuticas e são muitas vezes patenteados para dar ao criador direitos exclusivos para os produzir, mas também podem ser derivados de substâncias que ocorrem naturalmente nas plantas, designadas por medicamentos à base de plantas. Os medicamentos que não estão patenteados (ou cujas patentes expiraram) são designados por medicamentos genéricos, uma vez que podem ser produzidos por outras empresas sem restrições ou licenças do titular da patente.

(2) Medicamentos

Em termos gerais, um medicamento é qualquer substância química que, quando absorvida pelo corpo de um organismo vivo, altera as funções corporais normais[24] . É a única entidade química ativa presente num medicamento que é utilizado para o diagnóstico, a prevenção, o tratamento/cura de uma doença. Esta definição de medicamento orientada para a doença não inclui os contraceptivos nem a utilização de medicamentos para melhorar a saúde. De acordo com a OMS, um medicamento pode ser definido como "qualquer substância ou produto utilizado ou destinado a ser utilizado para modificar ou explorar o sistema fisiológico ou o estado patológico em benefício do destinatário".

(3) Desenvolvimento de medicamentos

Muitos produtos naturais, por tentativa e erro, foram postos em prática para combater as doenças humanas existentes durante a observação humana primitiva. Com o advento da abordagem científica moderna, várias plantas medicinais foram submetidas a um exame químico, o que acabou por levar ao isolamento dos princípios activos desde há muito tempo.

Estes compostos, quer sob a forma de extractos quer sob a forma pura, passaram a fazer parte das farmacopeias. Por exemplo, embora o medicamento chinês Mauhang tenha sido utilizado durante mais de 5000 anos para o tratamento de vários tipos de febre e doenças respiratórias, o seu princípio ativo, a efidrina, foi isolado em 1887. Em 1925, investigações químicas seguidas de avaliação farmacológica levaram este composto à medicina moderna. Da mesma forma, durante este período, a ureia estibamina foi introduzida como o primeiro medicamento em 1920 para o tratamento do Kala-azar, em 1930. A preparação De Rauwolfia foi utilizada pela primeira vez devido às suas propriedades sedativas e hipotensoras.

Uma droga é uma substância que tem um efeito anormal em certas funções do corpo, por exemplo, a estricnina estimula a ação do coração e a aspirina mantém a sua ação. Uma vez que ambas têm efeitos anormais, as duas substâncias são conhecidas como drogas. As ciências químicas contribuíram amplamente para novas descobertas que conduziram a medicamentos úteis a partir de 1930. O conceito moderno de descoberta de medicamentos começou em 1933 por Gerhand Domagk com a descoberta do "ProntosilRed", um composto responsável pela atividade antibacteriana. O advento das sulfonamidas chamou a atenção para a diferente atividade de vários produtos químicos nas células bacterianas e humanas; este importante fator levou Florey e Chain, em 1939, a investigar a penicilina, descoberta dez anos antes por Alexander Fleming. As propriedades quimioterapêuticas espectaculares da penicilina e o seu desenvolvimento dramático em tempo de guerra para o tratamento de feridas fizeram da penicilina um medicamento barato mais utilizado.

Um grande número de medicamentos importantes foi introduzido durante o período de 1940 a 1960. Este período é conhecido como o "período dourado" da descoberta de novos medicamentos. Assim, a partir de 1933 - o primeiro medicamento antibacteriano prontosil, que deu origem a vários medicamentos sulfa; 1940 - penicilina; 1945 - cloroquina - um antimalárico; 1950 - metildopa - antidiabético; 1967 - clorotiazina - diurético; 1958 - bloqueadores beta adrenérgicos - vasodilatadores coronários; 1960 -penicilina semi-sintética - antibacteriano; 1965 -trimetoprim - antimicrobiano; 1967 - cromoglicato dissódico - antialérgico; 1972 - cimetidina H2 - antagonista; 1975 -verapamil - antagonista do cálcio "1972 -1981 - captopril - anti-hipertensivo; Existem alguns exemplos específicos que representam novas terapêuticas.

(4) Últimos desenvolvimentos de medicamentos

O interesse atual na criação de bibliotecas de compostos orgânicos de grandes dimensões e pesquisáveis captou a imaginação dos químicos orgânicos e da comunidade de descoberta de medicamentos. Os esforços de numerosos laboratórios centram-se na introdução da diversidade química, que foi recentemente revista e foram identificados compostos farmacologicamente interessantes a partir de bibliotecas com composições muito diferentes.

Atualmente, as principais fontes de agentes para a cura, atenuação ou prevenção de doenças são os compostos orgânicos, naturais ou sintéticos, juntamente com os chamados organo-metálicos. Estes agentes têm a sua origem de várias formas (a) a partir de materiais naturais - tanto de origem vegetal como animal, e (b) a partir do isolamento de compostos orgânicos sintetizados em laboratório cujas estruturas estão estreitamente relacionadas com as dos compostos naturais, por exemplo, a atropina, os esteróides, a morfina e a cocaína demonstraram possuir propriedades medicinais úteis.

O processo de conceção de medicamentos é amplamente impulsionado pelo instinto, intuição e experiência dos cientistas da investigação farmacêutica. É muitas vezes instrutivo tentar "captar" estas experiências através da análise dos registos históricos que são projectos de conceção de medicamentos bem sucedidos do passado. A partir desta análise, as inferências retiradas desempenham um papel importante na definição dos nossos próprios projectos actuais e futuros. Para esta região, gostaríamos de analisar as estruturas de um grande número de fármacos - o produto final de um esforço bem sucedido de conceção de fármacos. O nosso objetivo é começar a deconvoluir esta informação para a aplicar na conceção de novos fármacos.

São desenvolvidos diferentes tipos de medicamentos para diferentes tipos de doenças, que podem ser definidas com os nomes dos medicamentos modernos.

(5) Medicamentos anticancerígenos

Os medicamentos que impedem o crescimento anormal dos tecidos celulares no corpo humano são designados por medicamentos anticancerígenos[25] .Vinblastin e Busulphan são os novos medicamentos anticancerígenos.

(6) Medicamentos hepatoprotectores

Os medicamentos que dão vitalidade ao fígado e o protegem, conferindo-lhe poder imunitário contra os anticorpos, são designados por medicamentos hepatoprotectores.

(7) Medicamentos antimaláricos

Os medicamentos que matam o plasmódio causador da malária são designados por medicamentos antimaláricos[26] . A combinação de sulfametoxazol com pirimetamina é um novo medicamento antimalárico.

(8) Medicamentos para a meningite

Os medicamentos que curam a inflamação da meningite são designados por medicamentos para a meningite - a Cifalexina é um novo medicamento para a meningite.

(9) Medicamentos para a febre tifoide

Os medicamentos que matam a bactéria *Salmonellatyphi*, causadora da febre tifoide, são conhecidos como medicamentos contra a febre tifoide[27] . Um novo medicamento para a febre tifoide é a ciprofloxacina.

(10) Medicamentos antidiabéticos

Os medicamentos que convertem o excesso de glicose do sangue em glicogénio são designados por medicamentos antidiabéticos. Os novos medicamentos antidiabéticos são a melformina, a glipizida e a gliclazida.

(11) Anti-inflamatórios não esteróides (AINE)

Os medicamentos que aliviam a febre, a dor e a inflamação são designados por AINE[28] . Os novos AINE são o piroxicam, o meloxicam e a nimesulida.

(12) Medicamentos antiasmáticos

Os medicamentos que previnem o ataque de asma e relaxam a respiração são designados por medicamentos antiasmáticos. Os novos medicamentos antiasmáticos são a etofilina, a teofilina e o asmon.

(13) Medicamentos anti-hipertensivos

Os medicamentos que normalizam a tensão arterial através da dilatação dos vasos sanguíneos são designados por medicamentos anti-hipertensores. Os novos medicamentos anti-hipertensores são o atenolol, a amlodopina e a niphadipina.

(14) Medicamentos antissida

Os medicamentos que matam os vírus da SIDA, ou seja, o VIH-1 e o VIH-2, são chamados medicamentos anti-SIDA. Os novos medicamentos são a zidovudina e a didanosina.

(15) Medicamentos antiácidos

Os medicamentos que neutralizam o ácido do estômago e impedem a secreção excessiva de ácido são denominados antiácidos. Os novos medicamentos antiácidos são o omeprazol e o lansoprazol.

(16) Medicamentos antituberculosos

Os medicamentos que matam as bactérias do *Mycobacterium tuberculosis* e curam as lesões da cavidade pleural são conhecidos como anti-tuberculosos. Um novo medicamento anti-tuberculoso é o etambutol[29] . Diferentes tipos de fármacos são geralmente utilizados e concebidos como anestésicos, antituberculostáticos, anti-hipertensivos, anticonvulsivos, anti-helmínticos, anti-inflamatórios, sedativos e hipnóticos, o que levou a sintetizar compostos com pirimidina, dihidropirimidina, dihidropiridina, pirazolina, tiofeno, chalcona, pirazolomietas, em busca de propriedades modificadas e aplicações alteradas.

(D)Plano de trabalho:

<u>Resumo do presente trabalho</u>

O Capítulo-1 descreve a introdução geral sobre o tema com referências importantes.

O Capítulo 2 descreve dez derivados de pirido-pirimidinetiona. Os derivados de pirido-pirimidinetiona foram sintetizados pela condensação de diferentes 2- amino-3-ciano piridinas substituídas com tioureia e avaliados quanto às actividades antibacteriana e antifúngica. Todos os produtos foram caracterizados por métodos espectrais e químicos após a sua purificação. As suas propriedades biológicas importantes foram estudadas.

(E) REFRÊNCIAS:

1) *"Organic Chemistry",* Robert T. Morrison, Robert N. Boyd e Robert K. Boyd, 6ª edição, Benjamin Cummings, **ISBN 0-13-643669-2, (1992).**

2) *"Classics in Total Synthesis"* Nicolaou, K. C.; Sorensen, E. J., Nova Iorque: VCH **(1996)**.

3) *"The Total Synthesis of Strychnine"*, Woodward, R. B.; Cava, M. P.; Ollis, W. D.;Hunger, A.; Daeniker, H.U.; Schenker, K.,*J. Am. Chem. Soc.,* *76* (18): **47494751(1954).**

4) *"Analysis of the reactions used for thepreparation of drug candidateMolecules "*John S. Carey, David Laffan, Colin Thomsonand Mike T. Williams, Org. Biomol. Chem., 4, 2337 - 2347 **(2006)**.

5) *"The pharmacological Basis ofTherapeutis"*, W. W. Douglas, in Goodman and Gilman's Macmillan, NewYork, 6th Edn , 609 **(1980).**

6) *"A Química dos Heterociclos: Structure,Reactions, Syntheses, and Applications"*. Eicher, T.; Hauptmann, S.,2ª edição, Wiley-VCH, **ISBN 3527307206, (2003).**

7) Em *"Comprehensive Organic Chemistry"*, M. R. Grimmett, Pergamon Press, Oxford, Vol. 4, P. G.Sammes., 357 **(1979)**.

8) *"Nonbenzenoid Aromatics"*, J. P. Snyder, Academic Press, New York, vol.1, p. 1 **(1969).**

9) *"Heterocyclic Chemistry"*, T. L. Gilchrist Longman Scientific and Technical,**ISBN**-0582014212, p. 1.46

10) *"Handbook of Heterocyclic Chemistry",* Alan R. Katritzky, Pergamon Press, pp. 23 **(1985)**.

11) *"Comprehensive Heterocyclic Chemistry"* Metzer J. V., editado por Katritzky A. R., &Rees C. W., (Pergamon Press,Oxford) Vol. 5, pp. 328 **(1984).**

12) *"Recent Advance in the Chemistry of* U-Lactam *Antibiotics"* Brown A. G.e Robert S. M., (The Royal Society of London) 476-486 **(1984)**.

13) *"The total synthesis of penicillin V"* John C. Sheehan, Kenneth R. Henery-Logan; *J. Am. Chem. Soc.,* 79(5), 1262-1263 **(1957)**.

14) http://www.britannica.com/eb/article-9040302/heterocyclic composto.

15) *"Quinolines"* Jones G., editado por G. Jones, (Wiley Interscience, Londres), 47, 254257**(1977)**.

16) *"Síntese e investigação farmacológica de algumas 4-hidroxi cumarinas*

Mano lov I., Danchev N. D.; *Arch Pharma,* 336(2), 83-94 **(2003).**

17) *"Imidazóis naturais e sintéticos: A sua química e actividades biológicas"* De Lucal;*Curr. Med. Chem.,* 13(1), 1-23 **(2006)**.

18) "*Síntese e atividade biológica do naturaltiazol: Uma importante classe de compostos heterocíclicos*" Marcus Vinicius Nora de Souza; *Journal of Sulfur Chem,* Vol. 26(4), 429-449 **(2005)**.

19) "*The synthesis and chemistry of certainanthelmintic Benzimidazole*" Townsend L. B., Wise D. S.; *Parasitology Today*, Vol. 6(4), 107-112 **(1990)**.

20) "*Biological and Medicinal Significance of Pyrimidines*" K. S. Jain, C. J. Shishoo, T. S. Chitre, P. B.Miniyar, M. K. Kathiravan, V. S. Bendre,V. S. Veer, S. R. Shahane; Current Science, Vol. 90(6), 793-80(2006). S. Veer, S. R. Shahane; *Current Science,* Vol. 90(6), 793-803**(2006)**.

21) *"Synthetic Procedure in Nucleic Acid Chemistry"* Zorbach W. W. & Tipson R. S., (Interscience New York), Vol. 1, pp. 412**(1968).**

22) *Azepines Part II in "The Chemistry ofHeterocyclic Compounds* "Watthey J. W.H., Stanton J. L. and Peet N. P.,edited by A. Weissberger & E. C. Taylor, (Wiely, New York), 43, **(1984)** (Amonograph with 1010 references).

23) "*Comprehensive Medicinal Chemistry*", A. Burger, P. G. Sammes e J. B. Tayler (EDS), Pargamon Press, Oxford, 1, p.1, **(1990)**.

24) *Comité de Peritos em Toxicodependência* da OMS (Organização Mundial de Saúde). *Décimo sexto relatório*. (Série de relatórios técnicos. No.407). Genebra: Organização Mundial de Saúde. **(1969).**

25) "*Cancer Treatment*" C. M. Haskell, Philadelphia Saunders, 2nd Edn., pp.43-106, **(1985)**.

26) "*Medicinal Chemistry*", M. E. Wolff, Bueger's (Wiley Interscience, New York), 4th Edn.,Chap-18-21, 1004-1226 **(1979).**

27) "*Nonlactam Antibiotics*" in Berger'sMedicinal Chemistry M. E.Wolff, U. Hollstein (Wiley Interscience, New York), 4th Edn.,Chap-16, 887-926 **(1979).**

28) "*Inflamation and Anti-Inflammatories*", E. Arrigoni-Martelli, Spectrum Publication, Inc. (distribuído por Halsted Press, a Division of John Wiely &Sons, Nova Iorque), pp.19, **(1977).**

29) "*Antimycobacterial Agents*" in Berger'sMedicinal Chemistry M. E. Wolff, Sensi, (Wiley Interscience, New York), 4th Edn., Chapter-17, 927-1003 **(1979).**

CAPÍTULO-2

(A) Introdução Chalcone:

A introdução das chalconas tem gerado estudos científicos em todo o mundo, sendo especialmente interessantes as suas aplicações biológicas e industriais. As chalconas são compostos coloridos devido à presença de cromóforos, os auxocromos. São conhecidas como benzalactofenonas ou benzilidinas acetofenonas. Kostanecki e Tambor[1] deram o nome de chalconas.

As chalconas caracterizam-se por possuírem uma estrutura em que dois anéis aromáticos A e B estão ligados por uma cadeia alifática de três carbonos.

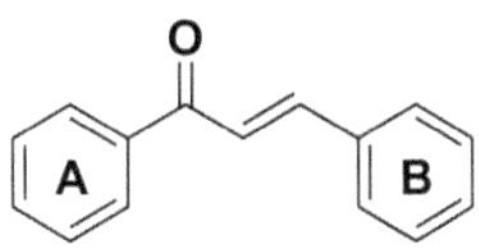

Os nomes alternativos dados às chalconas são fenilestrilo-cetonas, benzalacetofenona, β-fenil arilfenona, γ-oxo, α,γ-ifenil-α-propileno e α-fenil-β-fenil benzoieno.

Aspeto sintético:

O método mais conveniente para a preparação de chalconas consiste em condensar uma arilmetilcetona apropriada com um aldeído aromático na presença de KOH alcoólico.

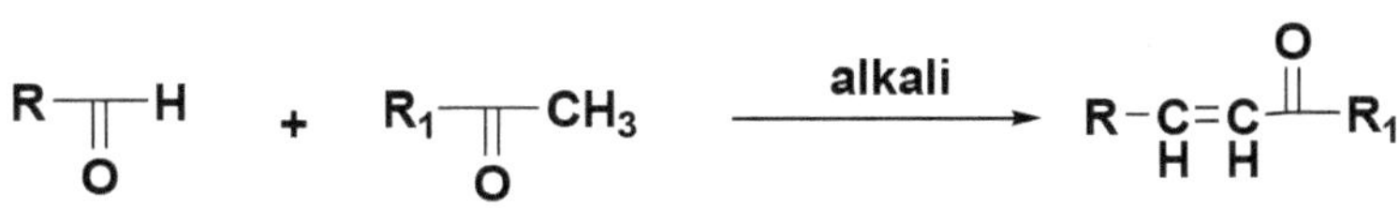

1.3- As 2-propeno-1-onas di-substituídas (chalconas) são geralmente preparadas pela condensação de acetofenona substituída e aldeído de arilo na presença de álcali[2,3] , álcali de força diferente[4,5] , cloreto de hidrogénio[6-10] , oxicloreto de fósforo[11] , piperidina[12] , cloreto de alumínio anidro e trifluro de carbono[13] , aminoácidos[14] etc.

As chalconas têm sido investigadas desde há muito tempo devido à sua utilidade versátil. Têm sido úteis como intermeidatos[15] , na síntese de certos compostos heterocíclicos, como flavonas, antocianinas, cumaronas benzais, etc. O seu esqueleto estrutural também se encontra nos produtos naturais[16] . Para além da condensação de aldeído com cetona, são utilizados os seguintes métodos

- Cinamoilação de Fridel Craft

- Reação de Nencki com ácido cinâmico em compostos aromáticos
- Rearranjos de Fries de aril cinamatos[17]
- Di-azo acoplamento de cloreto de fenil diazónio com ácido benzoilacrílico[18]

MECANISMO

A formação de chalconas ocorre por condensação do tipo aldol e o processo é catalisado pela presença de álcali[19] . Seguem-se as etapas do mecanismo.

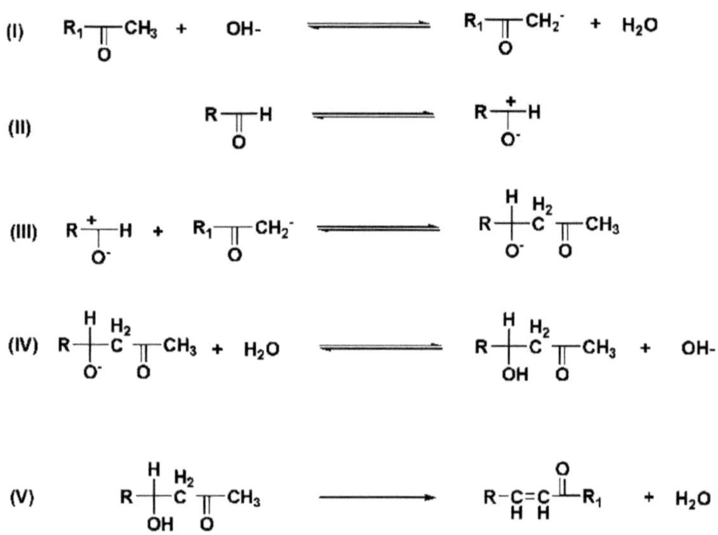

Importância dos Chalcones

Nos últimos anos, um número crescente de grupos tem-se interessado pelas chalconas e compostos relacionados, uma vez que estão a ser amplamente utilizados em vários domínios medicinais e industriais.

1. As chalconas são biocidas naturais[20] e são intermediários-chave bem conhecidos na síntese de compostos heterocíclicos que exibem actividades biológicas .[21]

2. A reatividade química do sistema carbonilo α,β-insaturado[22] presente nas chalconas é utilizada para preparar vários sistemas heterocíclicos de valor medicinal, como as pirazolinas[23] , o isooxazol[24] , as cianopiridinas[25] , os cianopiranos[26] , os indezolos[27] , as pirimidinas[28-29] , os oxiranos[30] etc.

3. As chalconas são utilizadas como compostos de partida para sintetizar flavonas, flavanóis[31] , etc., de ocorrência natural.

4. As chalconas também se revelaram úteis para chegar à estrutura de vários produtos naturais,

como os taninos de bainha[32] , a floretina e a cianomaclurina.

5. A estrutura de pigmentos naturais como a crisina[33] , a galangina, o kaempferol e o quitacetrol foi estabelecida através da sua síntese a partir de chalconas adequadamente substituídas.

6. As chalconas e os seus derivados também foram considerados aplicáveis como estabilizadores de materiais fotossensíveis, catalisadores de polimerização, agentes de branqueamento florescentes e agentes de branqueamento orgânicos, por exemplo, as metilchalconas e as 4-cloro chalconas estão patenteadas como agentes estabilizadores da luz para polivinilidinas .[34]

7. As chalconas reagem com vários iões metálicos, tendo esta reação sido descrita para a deteção de Fe (II) na presença de iões Sr e Ba. As tri-hidroxi chalconas foram utilizadas como reagentes analíticos para a titulação amperométrica do cobre[35] e para o estudo espetrofotométrico do germânio.

8. Algumas das chalconas têm atividade herbicida[36] , germicida[37] e inseticida[38] .

9. Alguns dos derivados de chalconas têm atividade fungicida[39-40] e bactericida .[41]

Atividade terapêutica

As chalconas são potenciais biocidas, alguns antibióticos naturais e amino chalconas devem provavelmente a sua atividade biológica à presença do grupo carbonilo α,β-insaturado.

1) Inseticida[42]
2) Antialucinante[43]
3) Anti-inflamatório[44]
4) Bactericida[45]
5) Fungicida[46]
6) Antivirais[47]
7) Antialérgico[48]
8) Inibidor da carboxigenase[49]
9) Antitumoral[50]
10) Anti-malária[51-52]
11) Anticancerígeno[53]
12) Antileshmanual[54]
13) Cardiovascular[55]
14) Anti-HIV[56]

Recentemente, Ni Liming. Et. al.[57] sintetizaram chalconas e analisaram a sua atividade anti-inflamatória e cardiovascular(2). Kumar Srinivas K. Et. al.[58] sintetizaram chalconas como agente antitumoral. Ko homg-Huey et. al.[59] sintetizaram chalconas como agentes anti-inflamatórios. Os agentes antituberculosos das chalconas foram preparados por Lin Yuh-Meei et. al.[60]

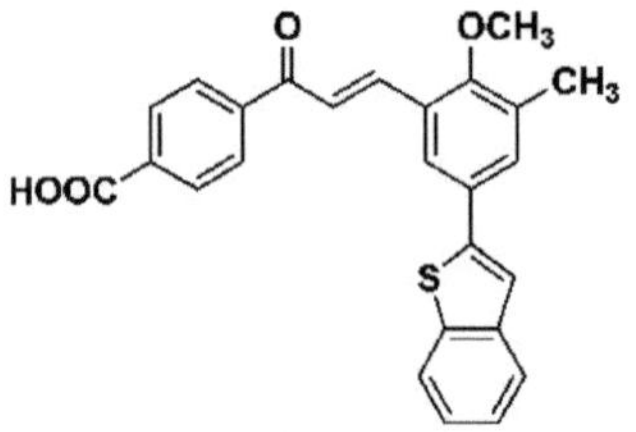

(2)

Das B. P. Et. al[61] descobriram que as chalconas possuem propriedades larvicidas. Kim MinYoung et. al.[62] sintetizaram chalconas e testaram a sua atividade inibidora da metaloproteína-ase da matriz(3).

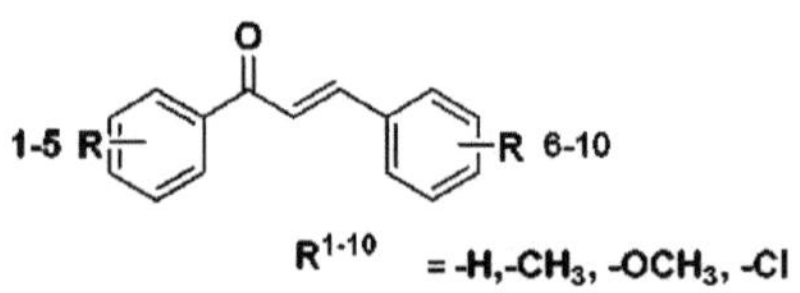

(3)

Recentemente, P. N. Sharmani et. al.[63] comunicaram a existência de dichalcones com 100% de atividade antifeedante. Ikeda shuuchi et. al.[64] sintetizaram um derivado de chalcona (4) e comunicaram a sua atividade antitumoral. Zhang et. al.[65] sintetizaram chalconas (5) e comunicaram a sua atividade como agentes antialérgicos.

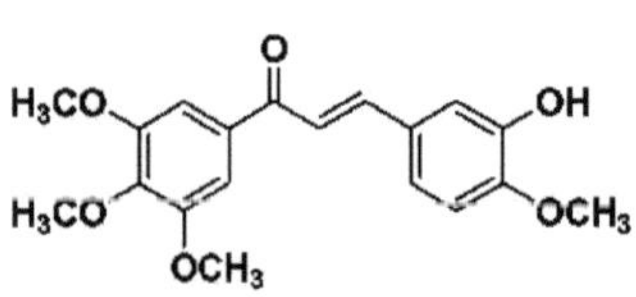

(4)

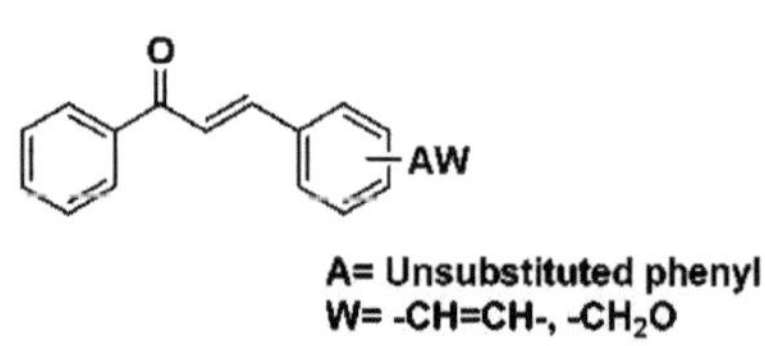

(5)

S. Ducki et. al.[66] testaram o derivado de chalcona (6) relativamente a propriedades antimiatóticas e inibidoras do crescimento celular.

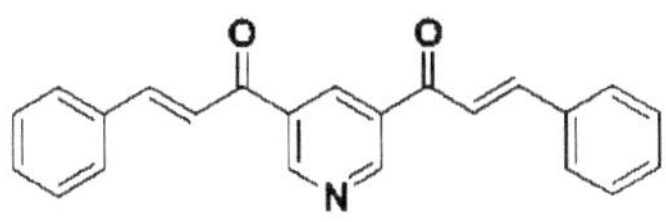

(6)

F. Harensia et. al.[67] prepararam o derivado de chalcona (7) e avaliaram a sua atividade anti-inflamatória

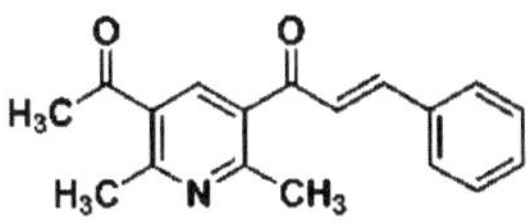

(7)

Ezio e Piero[68] sintetizaram derivados de chalconas (8) e descobriram a sua utilidade para a prevenção da neoplasia do útero. Overy e peito. Tem a capacidade de prevenir distúrbios da menopausa e osteoporose. Também possui uma valiosa atividade antiproliferativa. Gupta et. al[69] sintetizaram derivados de chalcona (9) com atividade antiliminativa.

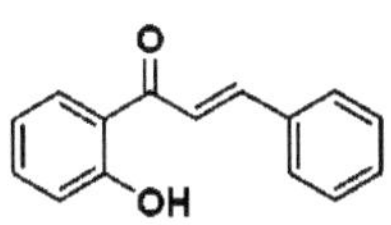

(8)

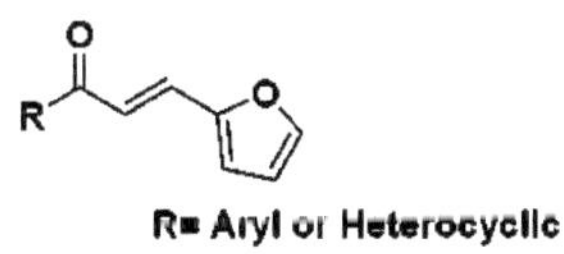

(9)

Recentemente, Sangan et. al.[70] sintetizaram um derivado de chalcona (10) e comunicaram a sua atividade fungicida. Ingle et. al[71] sintetizaram chalconas (11) e comunicaram a sua atividade antimicrobiana.

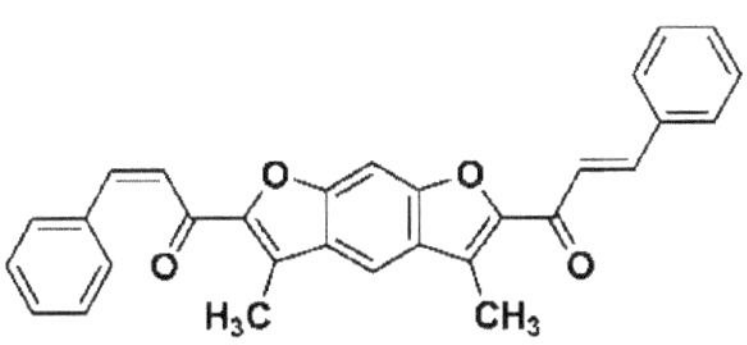

(10)

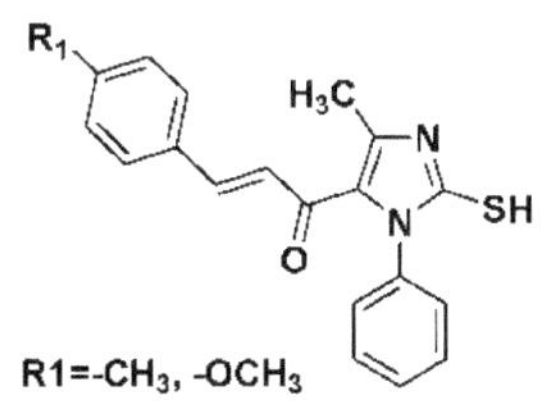

(11)

Além disso, verificou-se que os derivados de chalcona possuem actividades inibidoras do óxido nítrico[72-73] (12) e antiproliferativas[74] (13).

A chalcona tem uma excelente sintetização[75] e pode ser concebida uma variedade de novos heterocíclicos com um bom perfil farmacológico[76] . Esta observação válida levou-nos a explorar a química da chalcona[77] .

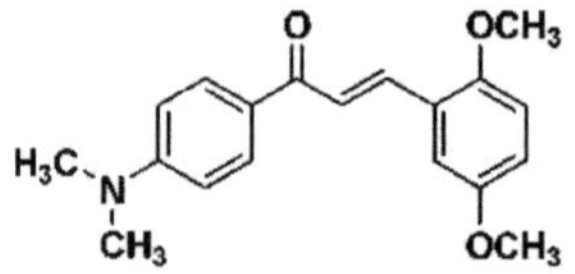

(12)

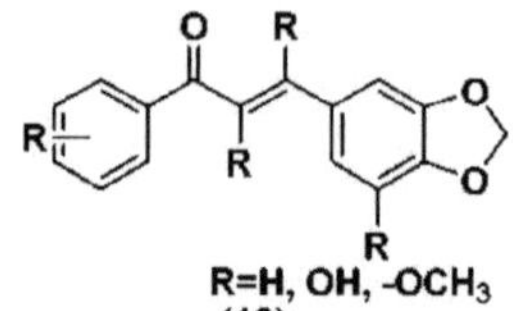

R=H, OH, -OCH$_3$

(13)

REFERÊNCIAS

1) "Ueber die sechs isomeren monooxybenzalacetophenone. St. V. Kostanecki; J. Tambor; Chem. Ber., 32(2), 1921-1926, (1899).

2) Estudos sobre chalconas e compostos relacionados: síntese de 3'-'-dicloro-2'-hidroxi chalconas e seus derivados. B.C. Jha e G. C. Amin, Tetrahedron, 2, 241-245, (1998).

3) "Sobre a síntese de algumas chalconas substituídas". B. Shivrama Holla e S. Y. Ambekar, J. Indian. Chemical. Society,5 0 (10), 673-675, (1973).

4) "Ueber die Einwirkung won Benzakdehyde auf acetophenone". V. Kostanecki, G. Rossbach, Chem. Ber., 29(2), 1488-1494, (1896).

5) "Synthese und eignschaftern von Nito hydroxy chalcone, II" Tamas. Szell: Chem. Ber., 2(7), 1672-1674, (1959).

6) "Síntese de 2'-hidroxi, 5'-propionamino-4-nitro-a-metil-chalkone". A. A. Raval e V. Thakor, J. Indian. Chemical. Society, 38 (7), 421-422 (1961).

7) "Ueber das Aceto-Cinnamon und einige andere bei der trocknen distillation von zimmatsaurem mit essigsaurem Kalk entstehenden Produkte". C. Angler, A. Lieist, Chem. Ber., 6(1), 254-256, (1873).

8) "Paranitrobenzaldeído e acetona" Adolf Baeyer, Paul Becker: Chem. Ber., 16(2), 1968-1971, (1883).

9) "Condensações catalisadas por ácido. II[1] A condensação de benzaldeído com acetofenonas substituídas. R. E. Lyle, L. P. Paradis, J. Am. Chem. Soc., 77(24), 6667-6668, (1955).

10) "New Nitrochalcones, IX" T. Szell e I. Sohar, Can. J. Chem./Rev. Can. Chim., 47(7), 254-1258, (1969).

11) "Síntese de piridina cetonas análogas às chalconas". Max Cussac e André Boucherle, Chem. Ber., 68, 21799m, (1968).

12) "Investigação nas séries heterocíclicas. VII. Síntese de chalconas substituídas e o-hidroxi-

chalconas.

13) Peng Li Cheng, Pierre Founari e Jean Tiourtlet. Chem. Ber., 60, 1683, (1964).

14) "Condensação XI. Condensação de certos compostos de hidrogénio ativo afectados por rifluoreto de boro e cloreto de alumínio" David. S. Breslow e Charles. R. Houser, Chem. Ber., 34, 7875, (1940).

15) "Bildung der oxy-chalkone und oxy-flavanone bei Gegenwart von Aminosauren" L. Reichel; Naturwissenschaften, 32, 215, (1944).

16) "Reação de Carbonilo II. The role of the intermediate Ketol in the kinetics of the formation of chalcones1" D. S. Noyce, W. A. Pryor and A. H. Bottini; J. Am. Chem. Soc., 16(1), 1402-1405 (1955).

17) "Dihydrochalcones. Synthesis of potential sweetening agents" Leroy Krbechek, George E. Inglett, J. Agr. Food Chem, 16(1), 108-112, (1968).

18) "The Fries rearrangement of phenyl cinnamate" C. M. Christain. E C. G. Amin, J. Sci. Ind. Research, 14(B), 421-422, (1955).

19) "Condensação de sais de diarildiazónio com compostos insaturados reactivos. Parte VII*. Ação do cloreto de arildiazónio com ácido β-benzoil acrílico. Hari Shankar Mehra e Kunj. Behari lal, Mathur, J. Indian. Chemical. Society, 32 (7), 465-470, (1955).

20) "Cinética da formação de ovelhas Chalcones-Linear Free Energy Relation". P. L. Nayak e M. K. Raut, J. Indian. Chemical. Society, 52 (10), 809, (1975).

21) "A preparação da ação bacteriostática de algumas aminochalconas e compostos relacionados". D. H. Marrian, P. B. Russeel e A. R. Todd, J. Chem. Soc., 1419

1420 (1947).

22) "Uber 2-Aza-Chalkones". Richard Kuhn, Hans R. Hensel; Chem. Ber., 86(10) 13331341, 1953).

23) "Ueber die Einwirkung von Hydroxylamin auf Phoron". C. Harries, Fritz Lehmann; Chem. Ber., 30(1) 230-234, (1897).

24) "Síntese e atividade antimicrobiana de 1H-3-Hidroxi-3-nitro-5-metil-fenil)-5-aril-2-pirazolinas e compostos relacionados". Desai J. K., Ankhiwala M. D., Chem. Abstr., 126, 144219w, (1997).

25) "Síntese de algumas novas oximas de 3-coumamoil cumarina e produtos de ciclização relacionados derivados de 3-acetil cumarina".

26) Mini. Ji. Jiaxing, Hu, Weiyi Hua e Hongwen, Hu, Indian. J. Chem., 40(B), 12231225, (2001).

27) "Síntese e avaliação antimicrobiana de algumas novas pirido[2,3-d]pirimidinas e seus

ribofuranocidas" Girvar Singh, Gajendra Singh, Ashok k yadav, A. K. Mishra Indian. J. Chem., 41(B), 430-432, (2002).

28) "A ciclização do malanonitrilo e das cetonas pelo acetato de amina" Akio Sakurai e Hiroshi Midorikawa Bull. Chem. Soc. Japan, 41, 430-432, (1968).

29) "Condensação de chalconas com acetato de etilciano e malanonitrilo na presença de acetato de amónio". Sammour, Y. Akhnookh e H. Jahine, Chem. Abstr., 77, 101348q, (1972).

30) "A facile one pot conversion of 3',5'-dibromo, 4'-hydroxy substituted chalcones to pyrimidines derivatives and their antibacterial and herbicidal activity" Kothari Seema, Vyas Rajesh and Verma B. L. Chem. Abstr., 131(19), 25720J, (1999).

31) "Síntese de pirazolinil substituídos, isooxazolinil, pirimidil piridinonas" Walavakar Prasad B., Pednekar Suhas e R. S. Verma Chem. Abstr., 131, 257517j (1999).

32) "Conformational analysis of 1,2,34-tetra hydro isoquinolines" Adriana F. Ibanz, Graceliya Y., Moltrasio Iglesias e Jose L Delfino. J. Hetrocycl. Chem., 33, 265-270 (1996).

33) "Studies on flavones series" Prafulla Chandra Mitra. e Sirishkumar Saha. J. Indian. Chemical. Society, 11 (3), 257-264 (1934).

34) "As constituições dos taninos. Parte III. Tanino de Hamlock. Síntese de Bis- (7:8:3':4'-tetrahidroxi) flavpinacd." Alfred Russeel e John Todd, J. Chem. Soc., 1506-1508 (1934).

35) "Eine zweite synthesis des Chrysins". V. Kostanecki, V. Lampe, Chem. Abstr., 131, 257517j (1999).

36) "Estabilização de um polímero de cloreto de vinildeno ou de um copolímero contendo cloreto de vinilidina". Hideo Arita, Chem. Abstr.,51, 4054, (1957).

37) "Chalconas como reagentes analíticos inorgânicos" Parte II. Estimativa amperométrica do cobre com 2',3',4'-trihidroxi chalconas". K. Shyamsundar Cu. Proc. Indian Acad. Soc., 60, 259-264, (1964).

38) "Aceitador de energia luminosa na fotoactivação de herbicidas de éter difenílico" Shooichi Matsunaka, J. Agric Food. Com., 17(1), 171-175, (1969).

39) "Chalconas XXIII. Germicidas derivados de acetilfenantrenos e naftelenos". Shyam Sunder Mishra e Santosh C Khuswa, J. Indian. Chemical. Society, 64 (6), 640-641 (1977).

40) "1-fenil-carbamoil -2-pirazolinas, uma nova classe de insecticidas. 3. Synthesis and insecticidal properties of 3,4-diphenyl-1-phenyl-carbomyl-2-pyrazolines", A. C. Grosscurt and H. R. Wan, J. Agric Food. Com., 27(2), 406-409 (1979).

41) "Síntese de algumas novas halogéneo hidroxil metil chalconas". V. M. Gaurav e D. B. Ingle,

Indian. J. Chem., 25(B), 868-869, (1986).

42) "2-Hidroxi chalconas e ácido 3-hidroxi flavonesulfónico". Wurm G., Lachmann Ch., Chem., Abstract., 81, 169399v, (1974).

43) "Síntese e atividade antibacteriana de algumas chalconas e isoxazóis". Modi. S. R e Naik. H. B., Chem., Abstract., 122, 81186c, (1995).

44) "Derivados de (diflurormetoxi) fenil-cetonas". Nisan Chemicals industries Ltd., Chem., Abstract., 98, 178947a, (1983).

45) "Chalconas", Tashio Pharmaceuticals Co. Ltd., Chem., Abstract., 101, 54722j, (1984).

46) "Derivados de Chalconas". Maile G K., Nalbantoglu L. K., Chem., Abstract., 106, 49778f, 1987).

47) "Relações estrutura-atividade. Parte V: atividade antibacteriana de uma série de chalconas de ácidos acrílicos substituídos (E)-3- (4-fenilbenzoil). Bowden Keith, Chem, Abstract, 114, 160570m, (1991).

48) "Chalconas III. Síntese de alguns derivados de chalconas e sua atividade antifúngica contra candida albicans". Sahin Fethi, Satak Sihat, Chem, Abstract, 103, 87592m, (1985).

49) "O tiofeno é um elemento estrutural de substâncias fisiologicamente activas XII. Thiophenes analogus of antiviral chalcones". Binder Dieter, Chem, Abstract, 102, 149025u, (1985).

50) "Análise da relação estrutura-atividade na série de flavonóides parte 9. Atividade alérgica das chalconas", Oganesyan. E. T., Chem, Abstract, 115, 247497n, (1991).

51) "3,4-dihdroxy chalcones as potent 5-lipoxygenase and cyclooxygenase inhibitors". S. Stoshi, N. Ysuneria, J. Med. Chem. 36(24), 3904-3909, (1993).

52) "Efeitos inibitórios da 3'-metil-3-hidroxi chalcona na proliferação de células tumorais malignas humanas e na carcinogénese cutânea". Satomi Yoshika, Chem, Abstract, 120, 20807c, (1994).

53) "Atividade anti-malária in vitro de chalconas e seus derivados". Li Rongshi, Cha. Xiaowu, J. Med. Chem., 38(26), 5031-5037, (1995).

54) "Chalconas antimaleriais alcoxiladas e hidroxiladas: análise da relação estrutura-atividade". Liu Mei J. Med. Chem., 45(8), 1735, (2002).

55) "Preparação de derivados de ácidos carboxílicos de chalconas como agentes anticancerígenos". Guo Zonqru , Chem, Abstract, 125, 10376r, (1996).

56) "Chalconas antileishmanuais: Conceção estatística, síntese e análise tridimensional quantitativa da relação estrutura-atividade".

57) F. S. Nielsen, S. B. Christensen, J. Med. Chem., 41(24), 4819-4832, (1998).

58) "Chalconas (1,3-diarylpropen-1-one) e seus análogos como potenciais agentes terapêuticos para doenças do sistema cardiovascular". Opletolava Veronika, Chem, Abstr., 138, 265043r, (2003).

59) "Anti-Aids agents 54. Um potente anti-HIV Chalconas e flanoides do género desmos:., Wu Jiu-Hong, Wang Xi-Hong, Bioorg. Med. Chem Lett., 13(10), 1813-1815, (2003).

60) "Preparação de derivados de chalcona para o tratamento de inflamação e doenças cardiovasculares . Ni Liming, Chem, Abstr., 139, 85160p, (2003).

61) "Conceção, síntese e evolução de novos derivados de chalcona borónica como agentes anti-tumorais". Kumar Srinivas K e Hager E., J. med. Chem., 46(14), 2813-2815, (2003).

62) "Estudos de relação estrutura-atividade sobre derivados de chalcona, inibidores potentes da libertação de mediadores químicos". Ko-Horang Huey e Tsao Lo-Ti, Biorg. Med. Chem., 11(1), 105-111 (2003).

63) "Chalconas e flavonóides como agentes antitubercolose". Lin Yuh-Meei e Zhou Yasheen, Biorg. Med Chem, 10(8), 2795- 2802 (2002).

64) "Propriedades larvicidas comparativas de algumas flavonas naturais e chalconas sintéticas". Das B. P., Chowdhary D. N., Ghosh K e Das G. K., Chem., Abstr., 139, 129387, (2003).

65) "Preparação de chalconas como inibidor da metaloproteína-ase da matriz". Lim Min Yung, Park B., Kim K. M., Sung N. D e Myung P. K., Chem, Abstr., 138, 368613f, (2003).

66) "Synthesis of 3,7-disubstituted -4,6-dioxo-4H,6H-benzo[1,2-b : 5,4-b'] dipyrans as potential Antifedants". P. N. Sharma, J. Indian Chem. Soc., 74(8), 644-645 (1997).

67) "Preparação de derivados de chalcona como agentes antitumorais". Ikeda Shunichi e Kimuru Uichiro Chem, Abstr., 138, 368613f, (2003).

68) "Derivados de chalconas e fármacos que os contêm". Elizabath Zhang e Zwaagstra Maria PCT Int. Appl., (WO/1997/044306).

69) "Potentes propriedades antimiotaticas e inibidoras do crescimento celular de chalconas substituídas". S. Ducki e R Forrest Biorg. Med. Chem. Lett., 8(9), 1051-1056 (1998).

70) "Síntese e atividade anti-inflamatória de alguns derivados de chalconas". F. Herencia e M. L. Ferrandiz, Biorg. Med. Chem. Lett., 8(10), 1169-1174 (1998).

71) "Preparação de chalconas com atividade antiproliferativa". Bomberdelli Ezio Chem., Abstr., 130, 95382r, (1999).

72) "Síntese da atividade antinuclear e antiacetilcolinesterase de novos derivados de furano". Gupta

D. P., Indian J. Pharm. Science, 50(2), 98-100 (1988).

73) "Síntese e bioeficácia de hidrazidas substituídas como potenciais antipesticidas". N. K. Sangwan e Heetika Malik, Indian J. Chem, 40(B), 682-687 (2001).

74) "Síntese e avaliação antimicrobiana de derivados de chalcona". V. S. Ingle e L. R. Patil Indian J. Heterocycl. Chem., 11, 135-138 (2001).

75) "Síntese e atividade inibidora de derivados de dimetilamino-chalcona na indução da óxido nítrico sintase". Rojas Javier Eur. J. Med. Chem. Lett., 12(15), 19511954 (2002).

76) "A síntese e o efeito de derivados de chalcona fluorados na produção de óxido nítrico". Paya M e Luisa F. M Biorg Med. Chem. Lett., 12(15), 1951-1954 (2002).

77) "3,4-Metileno dioxi chalconas substituídas como agentes terapêuticos". Potter Gerard Andrew, PCT Int. Appl., (WO/2003/028713).

CAPÍTULO-3

(A) Introdução Piridina:

A piridina é um composto químico com a fórmula C_5H_5N. É um líquido com um odor caraterístico de peixe pútrido. A piridina é um composto orgânico aromático hetrocíclico simples e de importância fundamental. Está estruturalmente relacionada com o benzeno, em que um grupo CH no anel de seis membros é substituído por um átomo de azoto. O anel piridina está presente em muitos compostos importantes, incluindo as nicotinamidas. A piridina é por vezes utilizada como ligando em química de coordenação. Como ligando, é geralmente abreviada como "py".

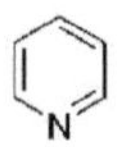

(I)

A piridina e o seu homólogo são vulgarmente designados por bases piridínicas.

Basicidade

O átomo de azoto da piridina possui um par de electrões solitários básicos. Como este par solitário não está deslocalizado no sistema pi aromático, a piridina é básica com propriedades químicas semelhantes às das aminas terciárias. O pKa do ácido conjugado é 5,21. A piridina é protonada por reação com ácidos e forma um ião poliatómico aromático com carga positiva chamado catião piridínio. Os comprimentos e ângulos de ligação da piridina e do ião piridínio são quase idênticos porque a protonação não perturba o sistema pi aromático. Além disso, o catião piridínio é isoeletrónico com o benzeno.

Comportamento canónico

De acordo com a teoria da ressonância, a estrutura de valência da piridina pode ser representada como um híbrido de cinco estruturas canónicas.

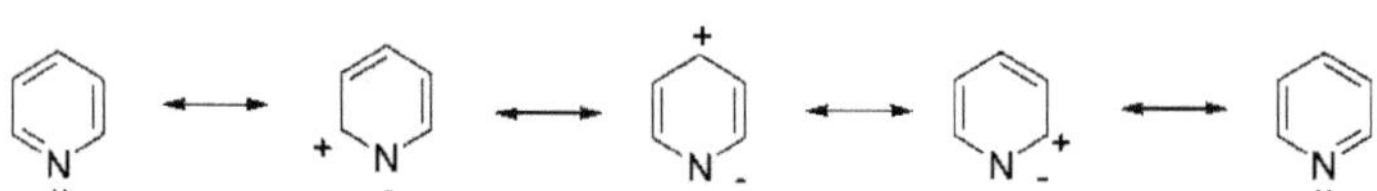

O átomo de azoto eletronegativo acima referido também deve ser polarizado, as ligações π indutivamente. Com base nesta consideração e nos cálculos de MO resumidos acima, pode-se prever que o anel de piridina é, em certa medida, semelhante ao nitrobenzeno. Este é menos suscetível do que o benzeno ao ataque electrofílico no carbono e, quando ocorre substituição electrofílica, esta ocorre mais rapidamente em C-3 e C-5 do que nos outros átomos de carbono. Por outro lado, seria de esperar que a piridina sofresse rapidamente uma substituição nucleofílica em C-2 e C-4, sendo a ordem de reatividade 2 >4 >3. O par de electrões solitário do azoto é uma orbital *sp2* ortogonal ao sistema π, pelo que não está envolvido na ressonância e está disponível para ser doado a um ácido, uma vez que está presente numa orbital híbrida *sp2*. A piridina é uma base muito mais fraca do que uma amina alifática terciária, na qual o par solitário se encontra numa orbital *sp3* e está, portanto, menos ligado ao átomo de azoto.

Papel na síntese química

A piridina é importante na química industrial, quer como um bloco de construção fundamental, quer como solvente e reagente na síntese orgânica. É utilizada como solvente nas condensações de Knoevenagel. É também um material de partida na síntese de compostos utilizados como intermediários no fabrico de insecticidas, herbicidas, produtos farmacêuticos, aromatizantes alimentares, corantes, produtos químicos para borracha, adesivos, tintas, explosivos e desinfectantes. A piridina é também utilizada como desnaturante para misturas anticongelantes, para álcool etílico, para fungicidas e como auxiliar de tingimento de têxteis.

A piridina, juntamente com o ácido barbitúrico, é normalmente utilizada em determinações colorimétricas de cianeto em matrizes aquosas. A piridina reage com o cloreto de cianeto (formado numa fase anterior pela reação do anião cianeto com a cloramina-T) para formar uma espécie conjugada que une duas moléculas de ácido barbitúrico, formando um corante vermelho. A intensidade da cor é diretamente proporcional à concentração de cianeto.

A piridina foi originalmente utilizada como base na titulação Karl Fischer, mas desde então tem sido largamente substituída pelo imidazol, que é mais básico do que a piridina, permitindo um ponto de equivalência mais estável e uma taxa de reação mais rápida. O imidazol tem também a vantagem de ser inodoro.

Os alcalóides de piridina anabasina (II) como inseticida, nicotina (III) utilizada como anti-helmíntico, ricinina (IV) utilizada na biossíntese.

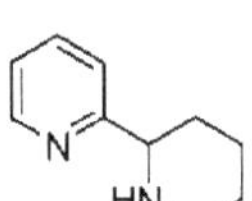

(II)

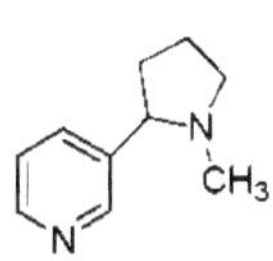

(III)

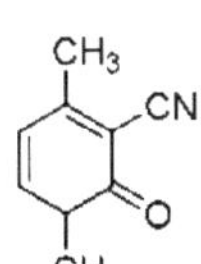

(IV)

O núcleo de piridina tem sido amplamente explorado pelas suas aplicações no domínio da medicina, agricultura e química industrial. Os derivados da piridina são úteis como **reversão da** MDR[1-2] em células tumorais para a terapia do cancro. Alguns produtos farmacêuticos importantes contêm também o anel fundido da piridina, a partir da base de alguns alcalóides importantes, por exemplo, a quinina e a morfina.

O piridoxol (vitamina B6) (V), presente na levedura e no heatgram, é um importante aditivo alimentar.

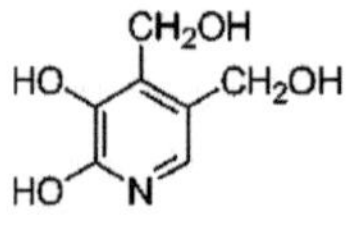

(V)

A piridina-3-carboxamida é um componente da estrutura da importante coenzima NADP+ (VI), um dos complexos vitamínicos B2, presente nos glóbulos vermelhos e que participa na reação bioquímica redox.

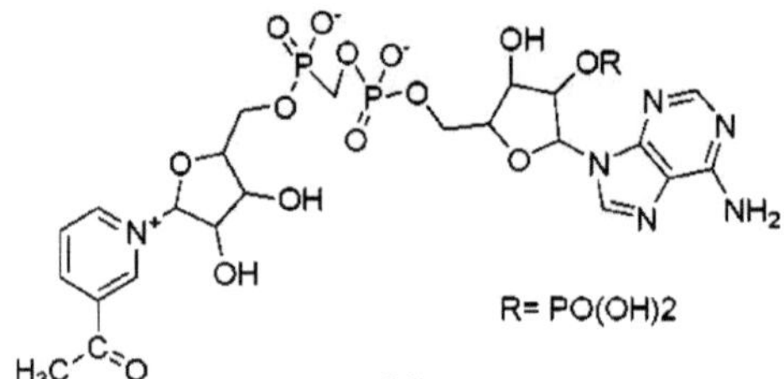

(VI)

A disponibilidade da 3-cianopiridina, da nicotinamida e do ácido nicotínico torna possível a sua utilização como intermediários sintéticos.

Aspeto sintético:

Existem muitos métodos na indústria e no laboratório (alguns deles designados por reacções) para a síntese da piridina e dos seus derivados: A piridina foi originalmente isolada industrialmente a partir do alcatrão de carvão bruto. Atualmente, é sintetizada a partir do acetaldeído, do formaldeído e do amoníaco, num processo que envolve a intermediação da acroleína:

$$CH_2O + NH_3 + 2\ CH_3CHO \ \square\ C_5H_5N + 3\ H_2O$$

Substituindo o acetaldeído por outros aldeídos, obtêm-se piridinas alquil e aril substituídas. Em 1989 foram produzidas 26.000 toneladas a nível mundial.

Existem diferentes métodos de preparação de piridinas na literatura[3-7]. O método mais conhecido é:

1. Salurai e Midorikaw[8] referiram que o malanonitrilo reage com cetonas α,β-insaturadas para dar piridinas 2-amino-3-ciano-4,6-dissubstituídas(VII).

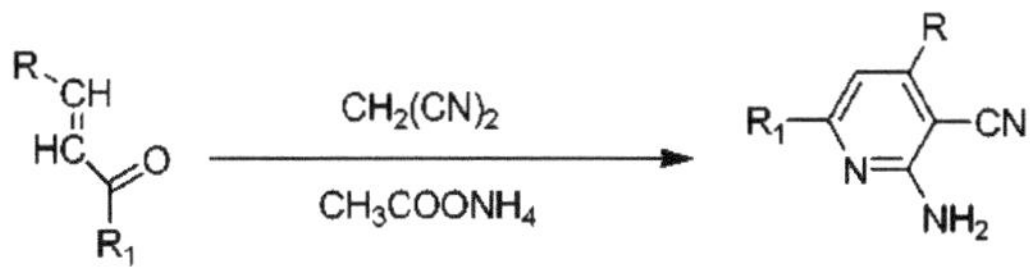

(VII)

MECANISMO:

O mecanismo procede através da adição conjugada de compostos de metileno activos a sistemas α,β-insaturados, como se mostra a seguir.

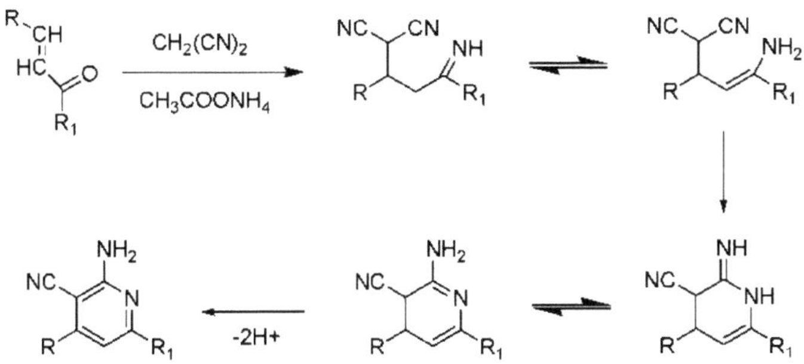

2. Chichibabin A.E. descobriu a rotina para preparar alquilpiridina (VIII) a partir de aldeído ou cetonas e amoníaco a 350-550^0 C utilizando catalisadores ácidos sólidos tais como sílica, alusmina, etc.

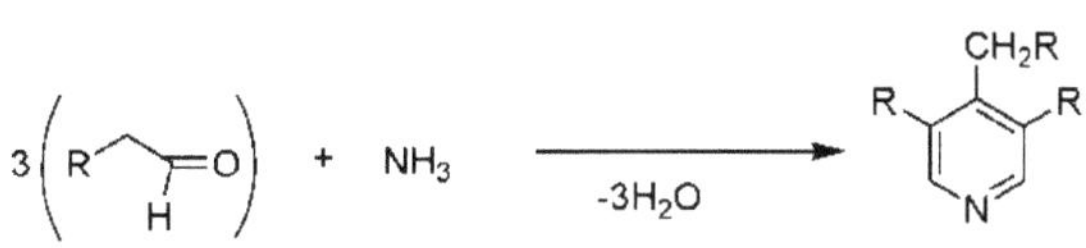

3. A formação de anéis de piridina a partir de amidinas é invulgar. A. Dornow e E. Neuse[9] sugeriram que algumas amidinas com função amida se condensam com β-dicetonas e produzem aminopiridinas (IX).

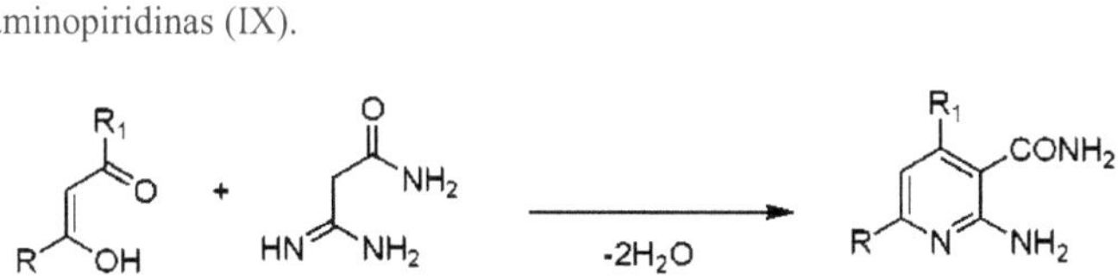

4. A 2-trifluorometilpiridina foi preparada por Jarvice J.M. a partir de butadieno e trifluoroacetonitrilo, como indicado em (X).

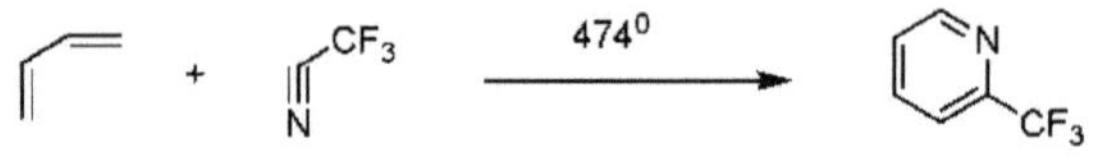

Reacções orgânicas

Nas reacções orgânicas, a piridina comporta-se como uma amina terciária, sofrendo protonação, alquilação, acilação e N-oxidação no azoto, e como um composto aromático, sofrendo substituições nucleofílicas.

A piridina é um bom nucleófilo. É facilmente atacada por agentes alquilantes para dar sais *de nalquilpiridínio*. A substituição nucleofílica aromática ocorre em C2/C4. Por exemplo, na reação de Chichibabin, a piridina reage com amida de sódio para dar 2-aminopiridina. Na reação de Emmert (Bruno Emmert, 1939), a piridina reage com uma cetona na presença de alumínio ou magnésio e cloreto de mercúrio para dar o carbinol também a C2 .

Compostos relacionados

Os compostos estruturalmente ou quimicamente relacionados são

- DMAP (4-dimetilaminopiridina)
- A bipiridina e o viologeno são compostos simples de polipiridina, constituídos por duas moléculas de piridina unidas por uma única ligação. A terpiridina é uma molécula de três piridinas ligadas entre si por duas ligações simples.
- A quinolina e a isoquinolina têm um anel de piridina e um anel de benzeno fundidos.
- A anilina é um derivado do benzeno com um grupo NH2 ligado e não uma piridina
- As diazinas são compostos com um carbono a mais substituído por azoto, como a aspirazina e a piramidina
- As triazinas são compostos com mais dois carbonos substituídos por azoto e a atetrazina tem quatro átomos de azoto
- 2,6-Lutidina é um nome trivial para 2,6-dimetilpiridina.
- A colidina é a designação trivial da 2,4,6-trimetilpiridina.
- *O p-* toluenossulfonato de piridínio (PPTS) é um sal formado por troca de protões entre a piridina e o ácido *p-toluenossulfónico*
- A 2-cloropiridina é um componente tóxico e ambientalmente significativo da degradação do pesticida imidaclopride.

Importância biológica:

Algumas das actividades terapêuticas dos derivados da piridina podem ser resumidas da seguinte forma.

1. Atividade antiviral
2. Anti-HIV
3. Antidepressivo
4. Anticancerígeno
5. anti-inflamatório
6. antitumoral
7. antimicrobiano
8. antimicobacteriano

Os receptores nicotínicos centrais de acetilcolina foram sintetizados e a análise 3D-QSAR foi também efectuada por Nielsen e colaboradores. O potencial terapêutico inclui o tratamento de uma variedade de doenças, por exemplo, a doença de Alzheimer, a doença de Parkinson e a síndroma de Tourette.

O anel piridínico desempenha um papel vital no metabolismo fundamental de duas formas: (1) como (XI) na reação de aminoácidos, incluindo racemização, descarboxilação, transaminação e eliminação ou substituição de substituintes nos átomos de carbono β- e γ- e (2) como (XII) uma coenzima, nicotinamida adenina dinucleótido, que estaciona em reacções biológicas redox.

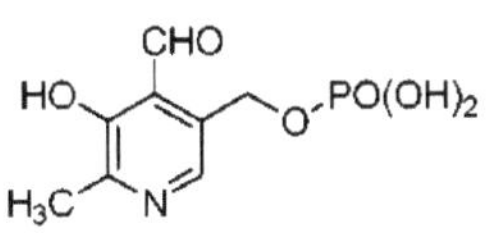

(XI)

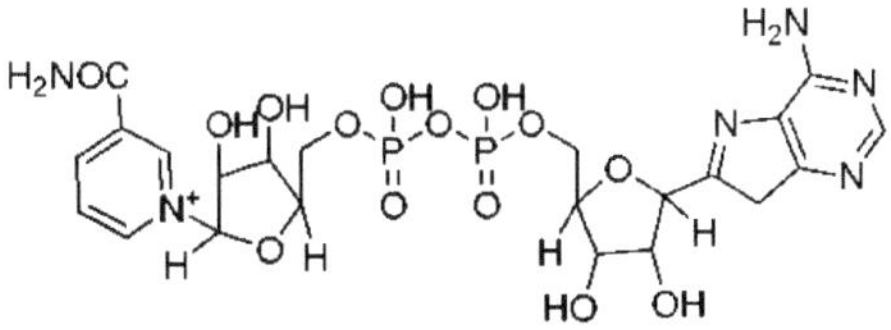

(XII)

Vários derivados da piridina são úteis na terapia do cancro. As cianopiridinas têm atraído uma atenção considerável, uma vez que parecem ter interesse em possuir actividades antibacterianas, anticolesterolémicas, antifúngicas, anti-hipertensivas e antidiabéticas. Os derivados da piridina possuem uma atividade biológica versátil[10-17] como anticancerígena e antituberculosa.

Thiele Kurt et.al estudaram a atividade analgésica[18] das 3-cianopiridinas substituídas. N. Latif e colaboradores relataram a atividade antibacteriana e antifúngica[19] das piridinas 2-amino-3-ciano-4,6-dissubstituídas .[20]

M. Bernard e colaboradores relataram a atividade anticonvulsiva[21] das 3-cianopiridinas. D.G.Bhtt et.al prepararam 3-cianopiridinas como agente imunossupressor[22] . U. Teu e colaboradores mostraram como fungicidas agroquímicos .[23]

Hammana Abou e colaboradores estudaram a atividade anticancerígena e anti HIV[24] das 3-cianopiridinas. H. Yoshida et. al.[25] estudaram a atividade anti-histamínica e antialérgica de derivados de 3-cianopiridinas. Abd El-Galil e colaboradores prepararam 3-cianopiridinas (XIII) e estudaram a sua atividade farmacológica[26] . Streightoff[27] e Seydal[28] estudaram o efeito bacteriostático de algumas 3-cianopiridinas substituídas.

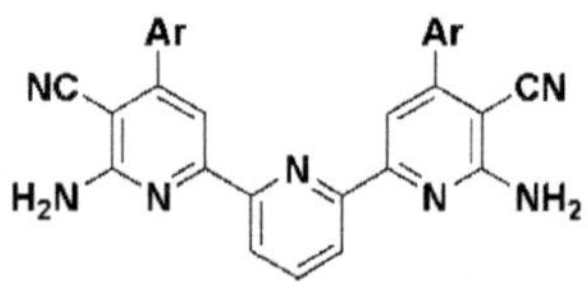

(XIII)

Francis e colaboradores estudaram o efeito de algumas piridinas substituídas no crescimento do walker carcinosarcome-256 em cultura de tecidos[29] . Barton et. al. relataram propriedades fungicidas e insecticidas .[30]

W. Hoefling e colaboradores estudaram as 3 e 4-cianopiridinas como agentes de travagem da tuberculose[31] . J.J.Baldwin e colaboradores prepararam cianopiridinas com atividade anti-hipertensiva[32-34] . Desai et. al.[35] derivaram derivados de piridina como agentes antibacterianos.

Gadaginamath e colaboradores sintetizaram vários derivados de cianopiridilo (XIV) e documentaram a sua variedade de actividades biológicas.

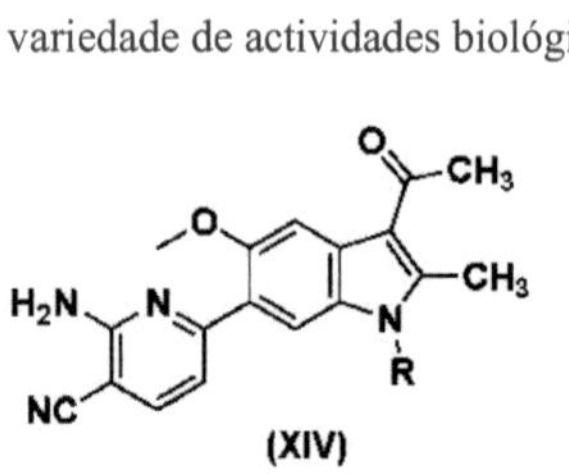

(XIV)

Abdallah Navine et. al. prepararam derivados de cianopiridina que mostraram atividade analgésica e anti-inflamatória de 3-ciano piridinas. O TACCF aprovou alguns novos fármacos à base de piridina, a isoniazida (XV) e a etionamida (XVI), como antituberculose.

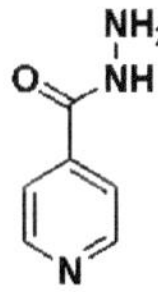

(XV)

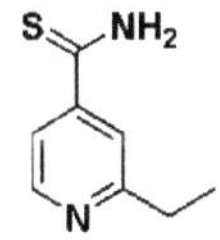

(XVI)

V. Scott et. al. prepararam derivados de 2-amino-3-cianopiridina que se revelaram úteis como produtos farmacêuticos antipsoríase[39-40] . Hussan M. e colaboradores prepararam 3-cianopiridinas e relataram a sua atividade farmacológica .[41]

Pyachenko U. D. e colaboradores sintetizaram alguns derivados de cianopiridina que são úteis no tratamento de doenças retrovirais[42] . W.Von Benbenburg e colaboradores sintetizaram piridinas 2-amino-3,6-dissubstituídas como agentes antiepilépticos .[43]

W. A. Vann et. al.[44] prepararam cianopiridinas heterocíclicas fundidas (XVII). Abu e colaboradores prepararam novas cianopiridinas fundidas (XVIII) para o tratamento e preparação de infecções fúngicas sistémicas .[45]

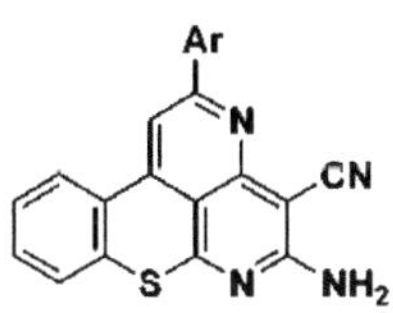

(XVII)

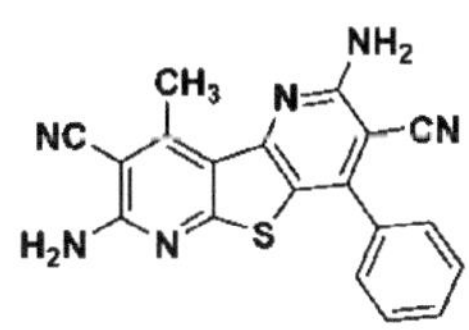

(XVIII)

S. V. Raman et. al.[46] sintetizaram 2-amino-3-ciano piridinas e a sua atividade biológica. El-taweel e colaboradores prepararam derivados de cianopiridinas e mostraram a sua atividade biológica significativa[47] . A. R. Parikh et. al. sintetizaram derivados como agentes antimicrobianos .[48]

X. Kadlec e Hanslian mostraram que as 2-metil-3-nitro-4-metoximetil-ciano-6-cloro piridinas causaram eczema ocupacional em trabalhadores de fábricas de vitamina B6 .[49]

Y. R. Pavia e colaboradores prepararam N-Substituídos 2-amino piridinas que possuem propriedade anticonvulsivante[50] . 3-cianopiridinas relatadas por L. Castedo et.al. mostrou uma concentração inibitória mínima de 1,56µg/ml contra S. Aureus[51] . Parasuraman relatou que a piridina possui atividade anticonvulsiva, cardiotónica e anti-hipertensiva.

A 4-(2-Bromo-6-pirrolidina-1-ilpiridina-4-sulfonil)fenilamina, que se revelou um antagonista potente e seletivo dos receptores 5-HT6, foi caracterizada por Riemer e colaboradores.

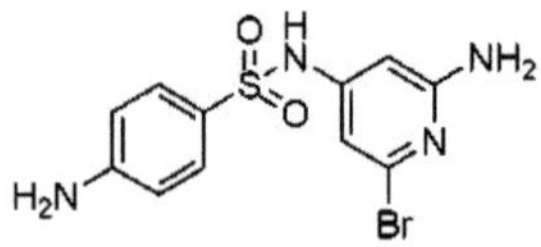

REFERÊNCIAS

1) Shah, S. Simona e J. Molnar,

British J. Pharm., 141, 415-422, (2004).

2) A. Shah e Tada, Anticancer Research, 20, 373-378, (2000).

3) A. Samour e H. Jahine, U. A. R. J. Chem, 20, 373-378, (2000).

4) U. D. Dayochenko, Russ. J. Org. Chem., 34(4), 554-556, (1998), C. A., 130, 223222c, (1999).

5) G. H. Sayed e R. R. Kassab, C. A., 131, 15727P, (1999).

6) O. Takashi, C.A., 132, 321784Y, (2000).

7) M. Kanded, Ez-El-Din, C. A., 132, 321784y, (2000).

8) A. Sakuri e H. Midesikva, Bull. Chem. Soc. Japan, 41(2), 430, (1968).

9) A. Dornow e E. Neuse, Ber., 84, 296, (1951).

10) H. Parekh e Y. J. Fernandes, J. Inst. Chem, 63, 69-70, (1991).

11) A. Bhatt e A. R. Parikh, Ind. J. Chem., 40(B), 57-58, (2001).

12) R. C. Khant e N. J. Datta, Oriantal. J. Chem., 18(1), 131, (2002).

13) B. P. Kansagara e A. R. Parikh, C.A., 138, 187677, (2003).

14) A. V. Dobaria e H. H. Parekh, Ind. J. Heeterocyclic. Chem., 12, 237, (2003).

15) P. Patel e H. H. Parekh, I. L. Pharmaco, 51(1), 59-63, (1996).

16) R. Joshi e P. Rangthara, Ind. J. Chem., 38(B), 348-352, (1999).

17) J. R. Patel e H. H. Parekh, J. Ind. Chem. Soc., 79, 722-723, (2002).

18) T. Kurt e E. Walter, S. African, 6, 905-906, (1970).

19) N. Latif e N. Mishry, Ind. J. Chem., 20(B), 147-149, (1981).

20) J. M. Desai e V. H. Shah, Ind. J. Chem., 42(B), 382, (2003).

21) M. Bernard e W. John, J. Med. Chem., 41(17), 3239-3244, (1998).

22) D. G. Bhatt e J. J. Petraitis, Biorg. Med. Chem. Lett., 8(B), 1745-1750, (1998).

23) U. Teu e K. Seiikhi, C. A., 127, 17699Y, (1997).

24) E. G. Hammana Abou e W. Midurus, Chem. Sci., (2000).

25) H. Yoshida e K. Omori, C. A., 129i, 16062a, (1998).

26) A. Et-Galil e E. Amr, Ind. J. Heterocyclic. Chem., 10, (49-54), (2000).

27) A. Streightoff, J. Bacteriol, 85, 42, (1963).

28) J. Seydel, C. A., 61, 4833a, (1964).

29) F. E. Reinhart, J. H. Gray e W. G. Bhatt, J. Franklin Inst., 261, 669-670, (1966).

30) F. M. Peter, C. A., 74, 99891d, (1971).

31) W. L. Hoefling, D. Ethaner e G. Reckling, C. A., 63, 6979, (1965).

32) J. J. Baldwin, A. Scriabine, C. T. Ludder e G. Morgan, C.A., 91, 83212Y, (1979).

33) J. J. Baldwin, A. Scriabine, G. S. Ponticello, E. L. Engelhardt e C. S. Sweeti, J. Heterocyclic. Chem., 17(3), 425, (1980).

34) J. J. Baldwin, D. E. Macculure, W. C. Randalt e K. Mensler, J. Med. Chem., 26, 649, (1983).

35) M. D. Desai e K. R. Desai, Asain. J. Chem., 14, 1383-1386, (2002).

36) G. S. Gadaginamath, A. S. Shyadigeri e R. R. Kavali, Ind. J. Chem., 37(B), 1137c, (1998).

37) N. A. Abdakkah e E. A. Zakimagdi, C. A., 132, 137287N, (2000).

38) M. Fedele, C. Franco e B. Adriana, Eur. J. Med. Chem., 34(3), 245-254, (1999).

39) V. Scott e E. Joseph, C. A., 92, 82428, (1980).

40) V. Scott e E. Joseph, C. A., 92, 47216, (1980).

41) M. Hussans, A. H. Eman e A. A. El-maghruby, C. A., 127, 190698, (1997).

42) D. U. Pyachenko e V. S. Roman, C. A., 136(21), 325448X, (2002).

43) W. Von. Behenburg, J. Engel, J. Heese e K. Thiele, Ger. Offen., D. E. 3, 337, (1984).

44) J. A. Van. Allan, C.C. Petropoulos, G. A. Reynolds e D. P. Maier, J. Heterocyclic Chem, 7, 1364, (1970).

45) B. Abu-Shana e A. Fathi, C. A., 136, 85768F, (2002).

46) S. V. Roman e D. U. Pyachenko, C. A., 136, 325448X, (2002).

47) F. M. A. El-Taweel e M. A. Sofan, Egito, J. Med. Chem., 36(2), 539-544, (2002).

48) A. R. Parikh, S. D. Sorahia e V. B. Patel, Ind. J. Chem, 36(B), 822, (1997).

49) K. Kadlec e L. Hanslian, C. A., 61, 7596, (1964).

50) M. R. Pavia, C. P. Taylor e F. M. Hershenson, J. Med. Chem., 30 1210, (1987).

51) L. Castedo, J. M. Quinetela e R. Rigenera, Eur. J. Med. Chem., 19(6), 555, (1984).

CAPÍTULO-4

(A) Introdução Pirimidina:

Os derivados da pirimidina ocorrem em produtos naturais[1] como os ácidos nucleicos e a vitamina B têm uma importância farmacêutica notável[2-3] devido às suas actividades biológicas[4] . As pirimidinas e os seus derivados são componentes de uma série de medicamentos úteis e estão associados a muitas actividades terapêuticas. Vários análogos do ácido nucleico têm sido utilizados como compostos que interferem com a síntese e o funcionamento do ácido nucleico, como é o caso do fluorouracil, que tem sido utilizado no tratamento do cancro. As pirimidinas estão entre as moléculas que tornam a vida possível, sendo os mesmos blocos de construção do ADN e do ARN.

O heteroátomo dos sistemas de anéis naturais, como a purina com núcleo de pirimidina, tem uma grande importância na química biológica e medicinal. Trata-se de um instrumento versátil para a síntese de moléculas bioorgânicas, como as proteínas, a partir do trifosfato de adenosina (ATP) (I), que possui um núcleo de base pirimidina

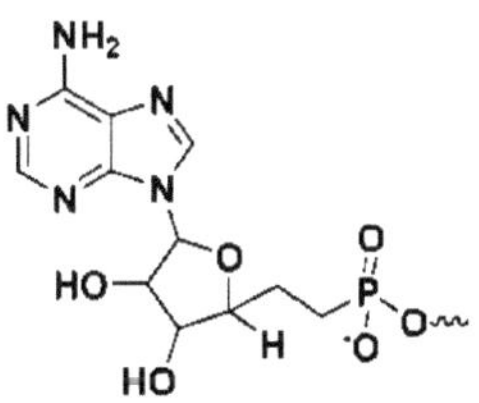

(I)

Algumas pirimidinas de importância fisiológica e farmacológica são as seguintes: beelmetrina (II), blasticidina (III).

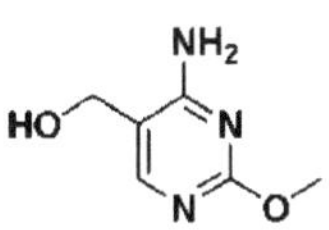

(II)

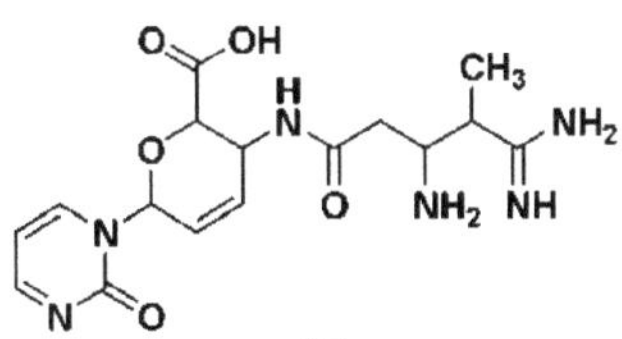

(III)

Os derivados sintéticos de pirimidina-2-ona contribuem muito para a literatura pesquisável de derivados de pirimidinona, em bibliotecas enormes devido à sua ampla aplicabilidade em diferentes domínios, núcleo de pirimidina-2-ona presente no ADN e ARN com base de pirimidina como a citosina (IV).

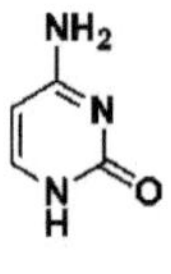

(IV)

Aspeto sintético:

Foram citados na literatura diferentes métodos para a síntese da pirimidona .[5]

1. Shabhan khatoon e neeraj sintetizaram que as piridinas 2-amino-3-ciano-4,6- disubstituídas reagem com ureia ou tioureia para dar pirido [2,3-d] pirimidina-2-uma ou pirido [2,3-d] pirimidina-2-tiona (V).

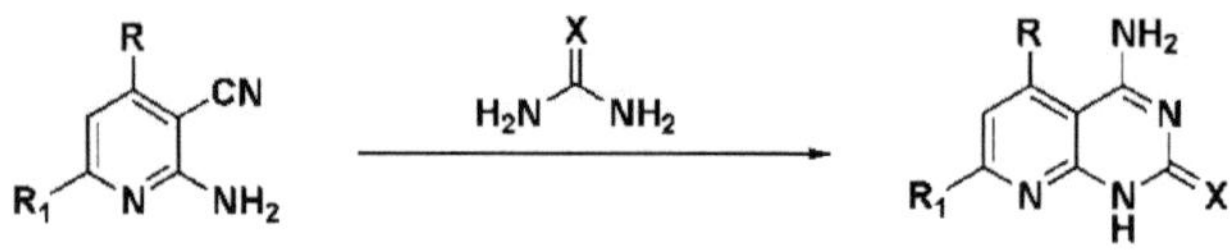

(V)

2. Ahmed fouda et. al.[6] referiram que as piridinas 2-amino-3-ciano-4,6-dissubstituídas reagem com tiocinato de amónio para dar 4-tioureido pirido[2,3-d] piimidina-2-tiona(VI).

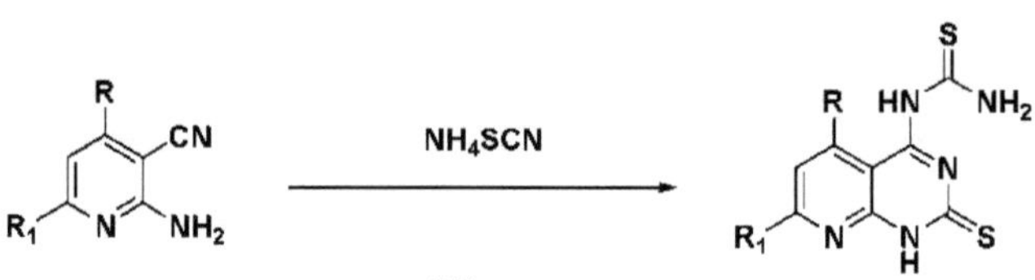

(VI)

3. Pinner sintetizou a 2-hidroxi-pirimidina a partir da condensação de amidinas substituídas e β-cetoéster.

4. H. A. Zaher et. al.[7] referiram que as piridinas 2-amino-3-ciano-4,6-dissubstituídas reagem com etilacetoacetato para dar pirido[1,2-a]pirido[1,2-a]pirimidina-2-ona-9-carbonitrilo (VII).

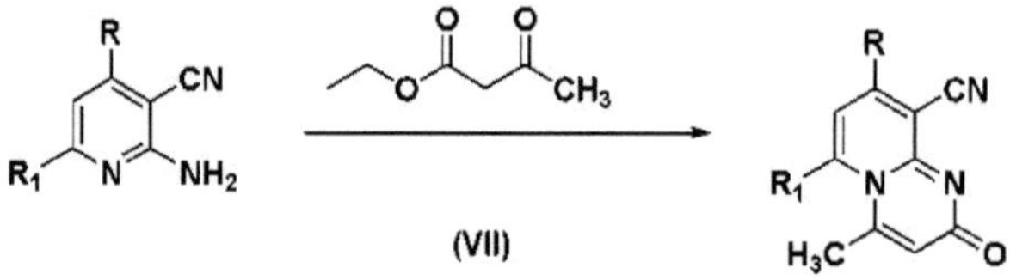

(VII)

5. E. C. Taylor e N. W. Kalenda[8] sintetizaram que as piridinas 2-amino-3-ciano-4,6-dissusbtituídas reagem com anidrido acético na presença de um catalisador ácido para dar 2-metil

pirido[2,3-d] pirimidina(VIII).

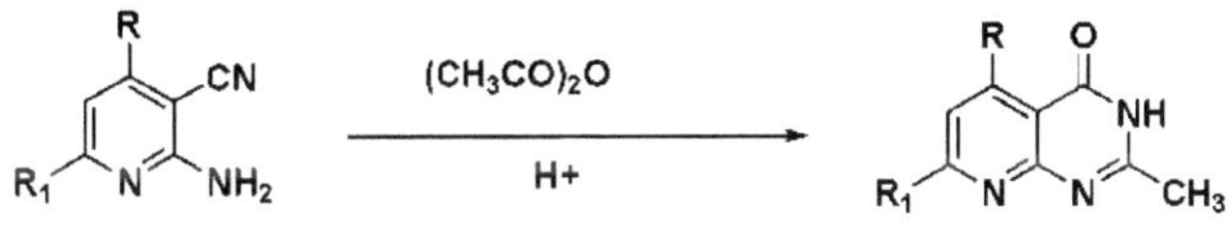

(VIII)

6. Bigi e colaboradores[9] sintetizaram a pirimidina-2-ona apresentada a seguir.

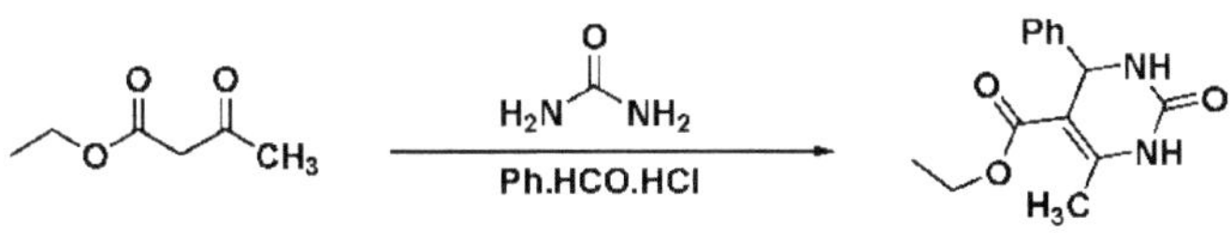

Importância biológica:

Um grande número de derivados de pirimidina apresenta actividades antimicobacterianas[10] , antitumorais[11] , antivirais[12] , anticancerígenas, anti-inflamatórias[13] , analgésicas, antifolatos[14] , antimicrobianas[15] , antifúngicas[16] , antiproliferativas[17] e anti-histâmicas[18] .

As pirimidinas são também agentes antiplaquetários eficazes com atividade analgésica[19] e um novo medicamento para o tratamento da insónia .[20]

Martin Boli et. al.[21] sintetizaram pirimidinas como antagonistas dos receptores da endotelina. Patricia F. F. Et. al[22] sintetizaram pirimidinas e analisaram a sua atividade inibidora das funções leucocitárias.

As pirimidinas são uma classe importante de medicamentos, uma vez que possuem uma vasta gama de actividades biológicas[23] . Mona Maharam e colaboradores sintetizaram derivados de pirimidina como potentes agentes antimicrobianos e antitumorais[24] . K. Tomita et. al. sintetizaram a pirido[2,3-d] pirimidina como agente antitumoral (X) e agente anticancerígeno[25] . R. Sharma et. al. sintetizaram a pirido-pirmidina como agente antifúngico e antibacteriano .[26]

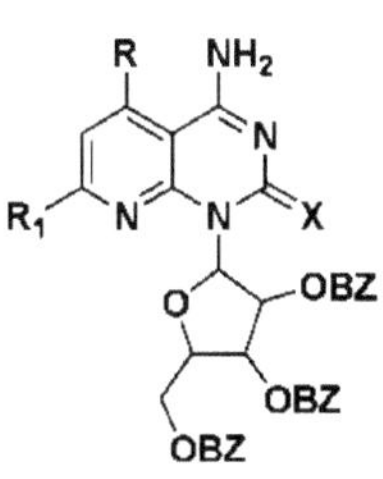

(X=O/S)

(X)

Ried e os seus colaboradores sintetizaram derivados de pirido-pirimidina fundidos a partir de diferentes carbonitrilos de amino-piridina que foram utilizados como intermediários biológicos na síntese de medicamentos de importância farmacêutica[27] (XI, XII, XIII).

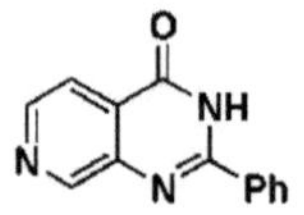

(XI)

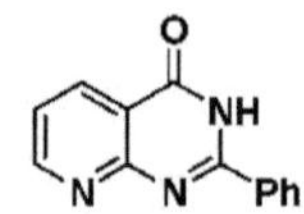

(XII)

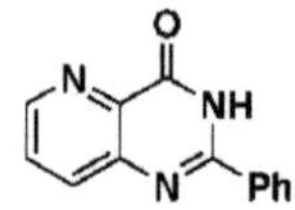

(XIII)

M. T. Owner et. al. sintetizaram derivados de pirimidina como agentes antimicrobianos .[28]

H. A. Zaher referiu que a pirido[2-a]primidina (XIV) e a 2-metil pirido[2,3-d] pirimidina [2,3-d] pirimidina (XV) são agentes antimicrobianos .[29]

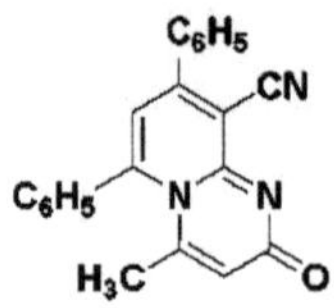

(XIV)

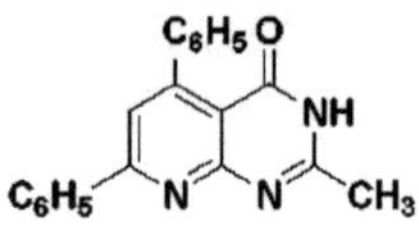

(XV)

D. M. Coe. Et. al. sintetizaram a pirido[2,3-d] pirimidina-2-ona como agente antissida[30] e agente antileucémico. K. Mogilaih preparou a espiropirimidina-2-ona como agente antibacteriano[31] . Timothy e colaboradores sugeriram a pirimidina-2-ona como agente antiviral[32] . A. K. Saxena e colaboradores sintetizaram a pirimidina-2-ona 2,6-dissubstituída como agente do SNC[33] (XVI).

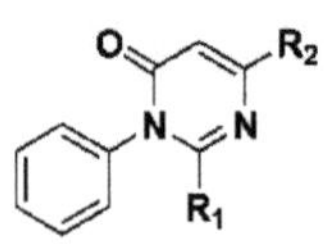

(XVI)

Derivados da pirimidina-2-ona foram encontrados como bloqueadores dos canais de cálcio[34-35] (XVII). Barbuline M. M. et. al. sintetizaram a pirimidina-2-ona como agente anti-inflamatório[36] (XVIII).

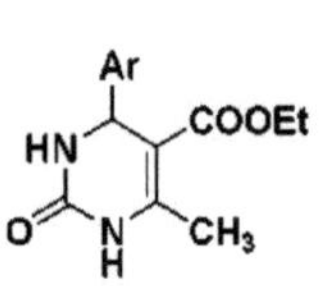

(XVII)

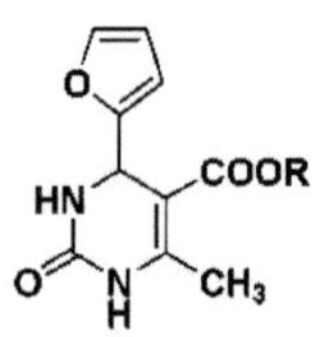

(XVIII)

C. S. Andotra et. al. prepararam pirimidina-2-tião como fungicida, anti-inflamatório, SNC e atividade anticancerígena[37] . Massahir kiwdai sugeriu que a pirimidina-2-tião é um agente antitumoral, anti-hipertensivo e antiviral. Amine M. S. et. al. sintetizaram um derivado de pirimidina-2-tiona como agente antimicrobiano[38] . Khalil Z. H. et. al. sintetizaram derivados de pirimidina-2-tiona importando 8-hidroxi-quinolina e relataram atividade antifúngica[39] (XIX).

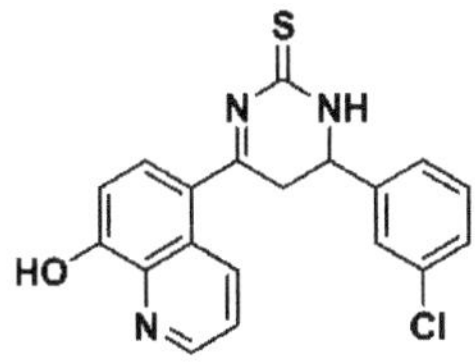

(XIX)

Recentemente, Dumas Jacques et. al. sintetizaram pirimidina-2-ona e testaram a sua atividade de desordem hiderproliferativa[40] . Tsutsumi Hiedo et. al. prepararam uma pirimidina-2-ona antagonista dos receptores de adenosina.[41] sintetizaram ne 2-pirimidina-2-ona fundida como agente antimicrobiano[42] . Abd El-Galil sintetizou as pirimidinas-2-onas como agentes anabólicos androgénicos e anti-inflamatórios .[43]

Assim, foram encontradas diversas actividades biológicas em compostos que contêm pirido-pirimidina, pirido-pirimidina 2-ona.

REFERÊNCIAS

1) R. R. Williams e J. K. Cline, J. Am. Chem.Soc., 58, 1504 (1936).

2) K. Anoop e K. Yadav, I.J.C., 34-B, 740(P), (1995).

3) M. A. Eihashash. e S. A. Madbodi, I.J.C., 34-b, 449, (1993).

4) C. Kasima, H. Kato e Y. Omaote, Yaguguku Zashi, 97, 421, (1982).

5) Y. S. Sadanandam, M. M. Shetty e P. V. Diwan, J. Med. Chem., 27, 87- 92, (1992).

6) A. Fouda, Ata Pharm., 54, 143-150, (2004).

7) H. Jahine e H. A. Zaher, I.J.C., 16-B, 889-891, (1978).

8) E. C. Taylor e N. W. Kalenda, J. Org. Chem., 18, 1755-1761, (1953).

9) F. Bigi, C. Silvia, M. Raimando e s. Giowammi, Tetrahedron Lett, 40(17), 34653468, (1999).

10) A. Kumar, S. Sinha e M. S. Chauhan, Biorg, Med. Chem..Lett., 12, 667-670, (2002).

11) P. G. Baraldi, M. G. Pawani, M. Numez, P. Brigidi, B. Vitali, R. Gambari e R. Romagoli, Biorg. Med. Chem. Lett., 10, 449-456, (2002).

12) M. N. Nasar e M. M. Gineinah, Arch. Pharm., 335, 289-295, (2002).

13) S. M. Sondhi, M. Johar, S. Rajvanshi, S. G. Dastidar, R. Shukla, R. Raghubir e J. W. Lown, Aust. J. Chem., 54, 69-74, (2001).

14) A. Gangjee, a. Vidwans, E. Elzein, J.J. Mc Guire, S. F. Queener e R. L. Kisliuk, J. Med. Chem., 44, 1993-2003, (2001).

15) N. Kumar, G. Singh e A. K. Yadav, Heteroat. Chem., 12, 52-56, (2001).

16) G. Mangalagiu, M. Ungureanu, G. Grosu, I. Mangalagiu e M. Petrovanu, Ann. Pharm. Fr., 59, 139-140, (2001).

17) J. Griffon, J. A. Montgomery e J. A. Secrist, Nucleosides Nucleotides, 20, 649652, (2001).

18) C. J. Shishoo, V.S. Shirsasath, I.S Rathod, M. J. Patil e S. S. Bhargava, Arzneim. Forsch., 20, 221-231, (2001).

19) O. Bruno, C. Brullo, S. Schenone, a. Rainse, E. Bondavali, e. Baroceli, M. Tognolini, E. Magnanini e V. Bollabeni, Farmaco, 57, 753-758, (2002).

20) C. Mustazza, M. R. D. Guidice, a. Borioni e F. Gatta, Heterocycle. Chem., 38, 1119-1130, (2001).

21) M. Boli, C. Boss, F. Walter, C. Martine e W. Thomas, C. A., 137, 93966q, (2002).

22) F. F. Patricia, U. I. Amalia, J. L. M. Guillen e G. R. Eugenia, Eur. J. Med. Chem., 38, 289-296, (2003).

23) A. Sobolev, J. Org. C., 67, 401-410, (2002).

24) A. Mona Mohram, El-Sherbeny, A. Magda, El-Obaid, M. A. Abdul-Rahman e B. Farid, J. Pharm. Sci., 12(1), 39-44, (1998) e C. A., 129, 58397w, (1998).

25) K. Tomita, K. Chiba. e Y. Tsuzuki, C. A., 124, 28955g, (1996).

26) R. Sharma, R. D. Goya e L. D. Parekh, I. J. Chem, 31-B, 719, (1992).

27) W. Ried. E P. Stock, Ann. Chem., 87, p700, (1966).

28) M. T. Omer, H. H. Fahmy e H. S. Mohamad, Egito. J. Pharm. Sci., 37(1-6), 609620, (1996).

29) H. Jahine e H. A. Zaher, I. J. C., 11, 1122, (1973).

30) D. M. Coe, P. L. Meyers e D. M. Parly. Yadav, J. Chem. Soc., 2, 157, (1990).

31) K. Mogilaiah e S. Baburao, Indian. J. Chem., 37-B, 139, (1998).

32) C. D. Timothy, M. Healtherl, J. Juanc. E J. P. Powers, PCT Int. Appl. Wo., 99, 41,253 (CI.

CO7D 403/04); Chem. Abstr., 131, 10013 (1999).

33) K. A. Gupta, A. K. Saxena, P. C. Jain, P. R. Dua, C. R. Prasad e A. Nitya, Indian. J. Chem., 22-B, 789-794, (1983).

34) Hu. Chun, D. Licheng, X. Guying, X. Uatian e W. Shengfu, C. A., 137, 169475a, (2002).

35) B. Kumar, B. Kaur e J. Kaur, Ind. J. Chem., 41(B), 1526-1530, (2002).

36) M. M. Barbuliene, E. Udernaite, P. Gaidelis e W. Shengfu, C. A., 137, 154892b, (2002).

37) C. S. Andotra e S. Kaul, Ind. J. Heterocyclic. Chem., 12, 77-78, (2002).

38) M. S. Amine e S. A. Nassar, Ind. J. Chem., 35(B), 388, (1996).

39) Z. H. Khalil. E A. S. Yanni, IND. J. Chem., 67, 821, (1990).

40) D. Jacques, C. E. Kluender Harold e Z. Chengzhi, C. A., 138 n0.(8), 860, (2003).

41) T. Hideo, V. Satoshi e A. Atsushi, C. A., 139, 117434z, (2003).

42) A. Ali, E. T. Gangle, K. Ellsworth, G. Harris, R. Painter, L.L. Silver e K. Young, J. Med. Chem., 46(10), 1824-1830, (2003).

43) Abd. El-Galil, E. Arr. E M. M. Absdulla, Ind. J. Heterocyclic nChem., 12,129134, (2002).

CAPÍTULO-5

(A) Introdução Tioureia:

A tioureia {[CAS: 62-56-6]; designação IUPAC: 2-Tioureia, também conhecida como tiocarbamida, sulfureia} é um sólido cristalino branco. A tioureia é uma molécula planar. O composto contendo azoto e enxofre da tioureia tem a fórmula estrutural (II). A molécula tem um grupo carbonilo (-CS-) unido por dois grupos funcionais amina ($-NH_2$). A tioureia tem fórmula química $CS(NH_2)_2$ e ponto de fusão 167°-182°C. Dados físicos como raios X, medidas de constante dieléctrica e outras evidências são fortemente a favor da estrutura mesomérica onde a forma dipolar contribui significativamente para as duas possibilidades de uma amida protonada estabilizada por ressonância. Mais tarde, foi reconhecida por Dumas como sendo a amida do ácido carbónico (Sidgewick 1966).

Thione form   Thiol form

ESTRUTURA-II

A tioureia é solúvel em água (137 g/litro a 20 °C), solúvel em solventes orgânicos polares próticos e apróticos e insolúvel em solventes não polares (BUA, 1995). Foi registado um máximo de absorção UV a 238 nm em água a pH 7,4 (Weast & Astle, 1979). Não foi detectada uma dependência significativa do pH do coeficiente de partição n-octanol/água (log Kow) (Govers et al., 1986).

Síntese

A tioureia pode ser produzida a partir de materiais de partida inorgânicos foi um marco concetual importante na química, pois mostrou pela primeira vez que uma substância anteriormente conhecida apenas como um subproduto da vida podia ser sintetizada em laboratório sem quaisquer materiais de partida biológicos.

1) Aquecendo o tioicnato de amónio simples para formar tioureia, como se indica a seguir.

$$NH_4SCN \rightarrow (NH_2)_2CS$$

2) A cinamida reage com o hidrogenossulfureto para formar tioureia como pó branco cristalino.

$$H_2NCN + H_2E \rightarrow H_2NC(E)NH_2$$

Where E=S

REFERÊNCIAS

1) *"Organic Chemistry",*Robert T. Morrison, Robert N. Boyd, e Robert K. Boyd,6ª edição, Benjamin Cummings, **ISBN 0-13-643669-2, (1992).**

2) *"Classics in Total Synthesis"* Nicolaou, K. C.; Sorensen, E. J., Nova Iorque: VCH **(1996)**

CAPÍTULO-6

EXPERIMENTAL:

SÍNTESE E AVALIAÇÃO BIOLÓGICA DA 4-AMINO-7- FENIL SUBSTITUÍDO)-5-(FENIL PARASSUBSTITUÍDO)-iH-PYRiD0-[2,3-di PYRIMIDINE 2-THIONE

(A)Síntese:

[SÍNTESE 2-Amino-3-Ciano-4,6-disubstituídas piridinas.

Uma mistura de cetonas α,β-insaturadas apropriadas (0,01mol), malomonitrilo (0,66ml, 0,01mol) e acetato de amónio (6,61gm, 0,08mol) em etanol absoluto (40ml) foi refluxada num banho de água durante 10 horas e, depois de completada a monitorização da reação por TLC, a mistura reacional foi deixada à temperatura ambiente naturalmente. O conteúdo foi então vertido em gelo picado com agitação constante. O sólido assim obtido foi lavado com água e etanol. O produto foi recristalizado a partir de etanol. Rendimento (85%)

Este procedimento experimental típico foi seguido para preparar outros análogos desta série.

[b] SÍNTESE 4-Amino-7-(fenil substituído)-5-(fenil para-substituído)-1H-pirido-[2,3-d]pirimidina-2-tiona.

Uma mistura homogénea de 2-amino-3-ciano-4-(fenil para-substituído)-6-(fenil substituído)-piridina (0,01mole) e tioureia (1,52gm, 0,02mole) foi aquecida a 120-130^0 C durante 2 horas com agitação constante. As temperaturas da mistura reacional aumentam gradualmente para 170^0 C e mantêm-se durante 1 hora. A mistura reacional arrefece naturalmente até 50^0 C. O produto foi triturado com água e lavado com água e depois com etanol a 10% frio. O produto assim obtido foi seco e recristalizado a partir de DMF-etanol (1:10).

O procedimento experimental semelhante foi seguido para preparar outros análogos desta série. Os seus dados de caraterização são apresentados na **Tabela-i.**

(B) purificação e pureza:

A conclusão da reação foi monitorizada por cromatografia em camada fina utilizando sílica gel G como fase estacionária com um sistema de solventes de acetato de etilo (70%) em ciclo-hexano (30%). A massa reacional foi diluída com água gelada após a conclusão da reação. O precipitado foi filtrado e lavado com água. Se necessário, as últimas uma ou duas lavagens foram efectuadas com solventes orgânicos de baixo peso molecular. Após secagem à temperatura ambiente, os produtos em bruto foram submetidos a uma purificação adicional por cristalização num solvente adequado. A seleção do solvente para a cristalização foi feita de acordo com o método padrão. Foi adicionado carvão descolorante para eliminar as impurezas coloridas durante o processo de cristalização. A pureza final dos compostos foi verificada por TLC utilizando um sistema de solventes adequado. As placas de TLC e as suas manchas foram visualizadas expondo-as a vapor de iodo, luz UV ou pulverizando as placas com reagentes de Dragendorff ou KMnO4.

Todos os produtos apresentaram apenas uma única mancha na placa TLC, confirmando a sua pureza. Os pontos de fusão foram determinados pelo método capilar aberto e não estão corrigidos.

(C)Esquema de reação:

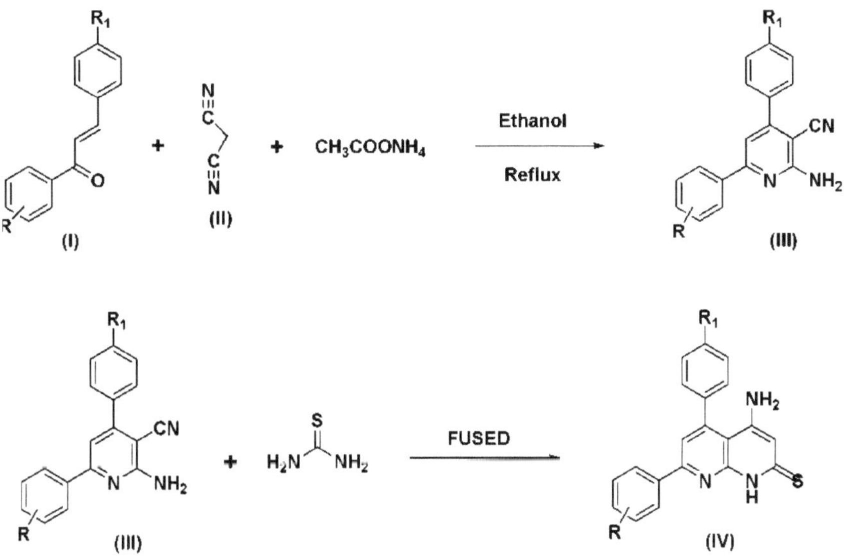

R_1= -OCH3 and -F R=-2",5"-dichloro, -4"-CH_3, -4"-OCH_3, -4"-OH, -4"-NO_2

MECANISMO DE REACÇÃO:

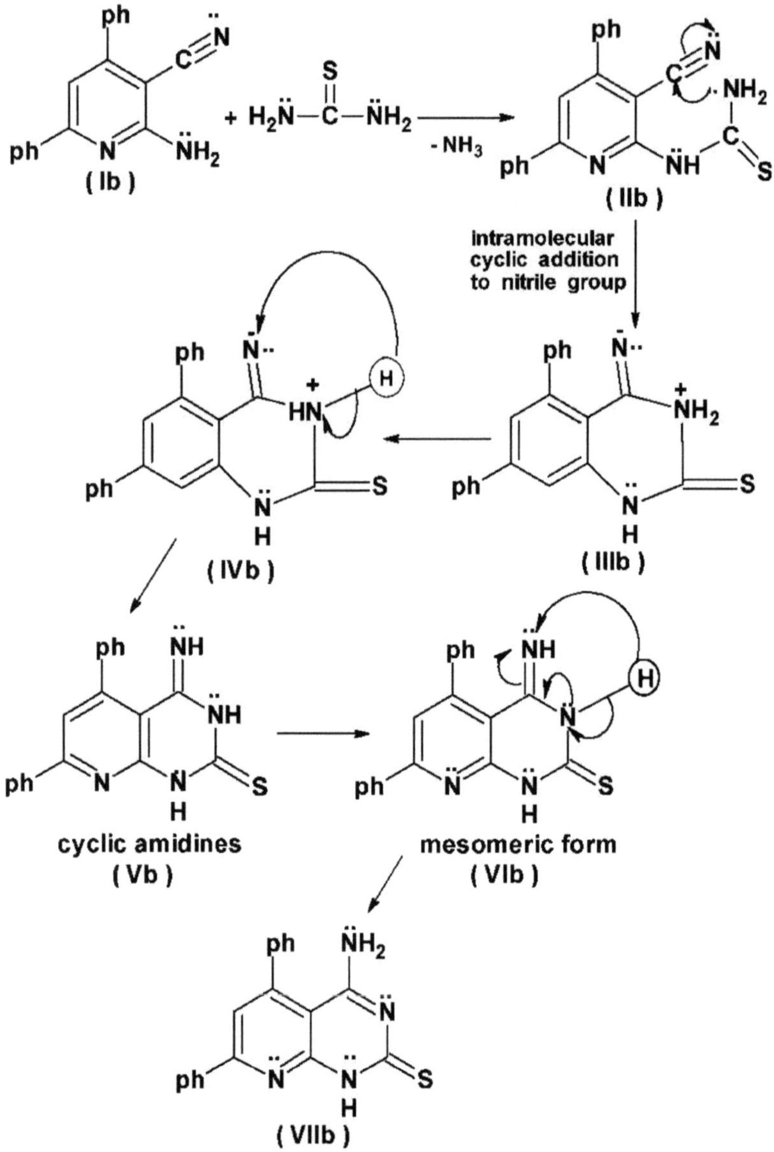
ph
C≡N
+ H₂N̈–C(=S)–N̈H₂
- NH₃
NH₂
NH
S
intramolecular
cyclic addition
to nitrile group
H
HN
N
+
cyclic amidines
mesomeric form
NH₂

CAPÍTULO-7

Dados físicos e analíticos

(A1)Dados físicos e de caraterização dos compostos 1a a 1j (Tabela-IA):

Dados físicos e de rendimento							
Não	**Código Não**	**R1**	**R**	**Molecular Fórmula**	**M.W gm/mol**	**M.P (^{0} C)**	**Rendimento (%)**
1	1a	-OCH3	-2" ,5 -dicloro"	C20H14Cl2N4OS	429.323	281	81
2	1b	-OCH3	4"-OCH3	C21H18N4O2S	374.460	262	76
3	1c	-OCH3	4" -CH3	C21H18N4OS	390.459	266	84
4	1d	-OCH3	4"-OH	C20H16N4O2S	376.433	266	79
5	1e	-OCH3	4"-NO2	C20H15N5O3S	405.431	>290	80
6	1f	-F	-2",5"-dicloro	C19H11Cl2FN4S	417.287	279	83
7	[1]g	-F	4"-OCH3	C20H15FN4OS	362.424	259	75
8	1h	-F	4" -CH3	C20H15FN4S	378.424	261	77
9	1i	-F	4"-OH	C19H13FN4OS	364.397	278	71
10	1j	-F	4"-NO2	C20H15FN5O2S	393.395	>290	79

(A2)Dados elementares dos compostos 1a a 1j (Tabela-IB):

Dados elementares

Não	**Código Não**	**R1**	**R**	**%C**		**%H**		**%N**	
				Encontrado	**Req**	**Encontrado**	**Req**	**Encontrado**	**Req**
1	1a	-OCH3	-2",5"- dicloro	55.94	55.95	3.21	3.25	13.01	13.05
2	1b	-OCH3	4"-OCH3	67.35	67.36	4.84	4.85	14.96	14.96
3	1c	-OCH3	4" -CH3	64.60	64.60	4.63	4.65	14.31	14.35
4	1d	-OCH3	4"-OH	63.82	63.81	4.22	4.28	14.86	14.88
5	1e	-OCH3	4" -NO2	59.21	59.25	3.70	3.73	17.26	17.27
6	1f	-F	-2",5"- dicloro	54.65	54.69	2.65	2.66	13.40	13.43
7	1g	-F	4"-OCH3	66.26	66.28	4.16	4.17	15.45	15.46
8	1h	-F	4" -CH3	63.47	63.48	3.98	4.00	14.80	14.81
9	1i	-F	4"-OH	62.60	62.62	3.58	3.60	15.34	15.38
10	1j	-F	4" -NO2	58.00	58.01	3.01	3.07	17.78	17.80

B)ESTUDO ESPECTRAL IR DE 4-Amino-7-(2',-dicloro fenil)-(4''-metoxi fenil)- 1H-pirido [2,3-d] pirimidina-2-tiona(QUADRO NO-II):

Tipo	Modo de vibração	Frequência em cm^{-1}		referência
		observado	Comunicado	
Aromático	C-H str.	3033.5	3080-3033	111
	C=C str.	1517.3	1520-1480	111
	C-H i.p. def.	1100.4	1125-1090	111
	C-H o.o.p. def.	815.5	835-810	111
	C-Cl str.	720.1	750-700	112
	C-F str.	1101	1050-1110	112
	C-OCH3 str.	1160	1140-1190	112
Alcano	C-H str. (assym.) C-H def. (sym.)	2970.5 1353.9	2975-2950 1385-1300	113,114
A parte pirimidona	-C=N-str. -C-N-str.	1595 1265	1610-1590	115
Amina primária	-NH2(ASym) -NH2 (sym)	3390 3300	3380-3420 3280-3330	116
Amina secundária	-NH-	3230	3190-3260	116
Tioamida cíclica	-NH-C=S	1640 1570	1640-1750 1570-1600	116
A parte de piridina	Anel de piridina bre.	1011.7	1030-990	117

Instrumento: PERKIN ELMER

Espectrofotómetro; Gama de frequências : 4000

500 cm-1 (disco KBr),

Interpretação dos espectros de IV

O espetro de IV mostrou uma banda de absorção a 1640cm^{-1} e 1570cm^{-1} , indicando a vibração de estiramento de -NH-C=S (cicloamida), o que confirma a condensação dos reagentes. A respiração do anel de piridina apareceu a 1011,7 cm^{-1} e 1160cm- 1 confirma (- OCH3), o que indica a presença da fração piridina no composto. A fração pirimidona também aparece em torno de 1595 cm-1 (C=N str.) e 1265 cm-1 (C-N str.) como bandas intensas. A amina primária (-NH2) aparece a 3390cm^{-1} , 3300cm^{-1} comprova a conformação amino pirimdona. Os outros picos dos espectros de IV apresentados na tabela B comprovam a estrutura dos derivados de pirido-pirimidona.

(C) ^{1}ESTUDO ESPECTRAL DE HNMR DA 4-Amino-7-(2',-dicloro fenil)-(4''-metoxi fenil)-

1H-pirido [2,3-d] pirimidina-2-tiona (QUADRO NO-III)

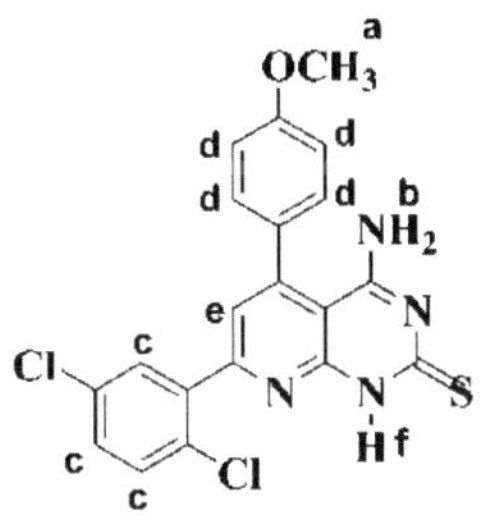

	Posição do sinal (δ ppm)	N.º de Protões	Multiplicidade	Inferência	Ref.
1	3.780	3H	Singlet	C-H,a	110
2	5.371	2H	Singlet	-NH2,b	119
3	7.012-7.099	3H	Múltiplos	C-H,c	119
4	7.211-7.250	4H	Múltiplos	C-H,d	119
5	7.919	1H	Singlet	C-H,e	119
6	8.666	1H	Singlet	-NH,f	119

Padrão interno: TMS Solvente: DMSOd6;

Instrumento: Espectrómetro BRUKER (400 MHz)

Interpretação dos espectros de RMN

O espetro de RMN de 1H apresentou sinais para a presença de um grupo metoxi a 3,780ppm (3H, s), dois protões de amino (-NH2) a 5,371ppm (2H, s), o que também confirma a condensação dos reagentes, um protão do anel piridina a 7.919 ppm (1H, s), três protões do anel 2",5"-dicloro-fenil a 7,012 ppm -7,099 ppm (2H + 1H, m), quatro protões (2H+2H, m) do anel p-metoxi-fenil a (7,211-7,201) ppm. O pirimido cíclico com (-NH) a 8,666ppm conforma o anel pirimdio. Alguns solventes deuterados comuns, como o DMSOd6 e o CDCl3, contêm 2H (deutério, D). O dipolo magnético nuclear do deutério, portanto, deve absorver energia e aparecer como um pico no espetro. Por vezes, os picos de humidade no solvente também aparecem no espetro. Aqui, no espetro apresentado, este tipo de picos é visto a (3,2717 a 4,0941) ppm. Estes picos devem ser negligenciados na discussão.

A fórmula molecular do composto (1a) foi estabelecida como C20H14Cl2N4OS com base em m/z 429 $[MH]^+$ um pico de base. De acordo com a regra do nitrogénio, a presença de 4 átomos de nitrogénio (a partir da análise elementar) faz com que o composto tenha um peso molecular uniforme, que é 428,12 (massa isotópica).

O espetro de massa da comp. (1a) mostra a presença do átomo de 2-Cl na molécula pela razão de

$[MH]^+$ [430] e M^{+2} [431] é 12:2 de acordo com a abundância natural (Intensidade do pico observado).

A intensidade observada de M^{+3} é de cerca de 66 % de $[MH]^+$, confirmando assim a presença de dois átomos de cloro na molécula. De acordo com a regra dos electrões pares, o quase-ião m/z 429 cliva-se num fragmento com massa m/z 414 formado pela perda de metilo ($-CH_3$) e adição de H a partir do pico de base 429.32. Isto indica a presença do grupo metoxi no composto e m/z 147 devido à remoção do 2',5'-dicloro clorobenzeno.

CAPÍTULO-8

AVALIAÇÃO BIOLÓGICA

Atividade antimicrobiana do N-[(1E)-(1,3-DIFENIL-1H-PYRAZOL-4-YL) METILENO] - PYRIDIN-2-AMINE

O estudo da atividade antimicrobiana dos compostos sintetizados foi realizado utilizando o método de diluição em caldo. Os detalhes da atividade são os seguintes.

Produtos: **4-Amino-7-(2',′-dicloro fenil)-(4''-metoxi fenil)-1H-pirido [2,3-d] pirimidina-2-tiona**:

Método de diluição em caldo

Gram+ve: *Streptococcus pyogens*

Staphylococcus aureus 209p

Gram-ve: *Escherichia coli*

Pseudomonas areuginosa

Fungos: *Aspergillus niger*

Aspergillus clavatus

Concentrações: 500µg/ml, 250µg/ml, 125µg/ml,

Solvente: Dimetilsulfóxido (DMSO)

Medicamento padrão: Gentamicina, Ampicilina,

Cloranfenicol, Ciprofloxacina, (Antibacteriano)

Nistatina, Greseofulvina (Antifúngico)

A atividade antibacteriana dos compostos sintetizados foi comparada com a dos medicamentos padrão, nomeadamente gentamicina, ampicilina, cloranfenicol e ciprofloxacina, e a atividade antifúngica foi comparada com a dos medicamentos padrão, nomeadamente nistatina e greseofulvina.

TÉCNICA DE AVALIAÇÃO

Os valores da Concentração Bacteriana Mínima (CBM) dos compostos sintetizados foram determinados utilizando o método de diluição em caldo. Este método é utilizado para avaliar a atividade antibacteriana. É um dos testes de suscetibilidade bacteriana in vitro não automatizados. Este método clássico produz um resultado quantitativo para a quantidade de agentes antimicrobianos necessária para inibir o crescimento de um microrganismo específico. É efectuado em tubos.

- Método de macrodiluição em tubos

- Formato de microdiluição utilizando tabuleiros de plástico

Métodos utilizados para o rastreio primário e secundário

Cada fármaco sintetizado foi diluído obtendo-se 2000 µg/ml de concentração, como solução estoque.

Ecrã primário:

Na triagem primária, foram tomadas concentrações de 500µg/ml, 250µg/ml e 125µg/ml do medicamento sintetizado. O medicamento sintetizado ativo encontrado nesta triagem primária foi testado em um segundo conjunto de diluição contra todos os microrganismos.

Ecrã secundário:

Os fármacos considerados ativos na triagem primária foram diluídos de forma semelhante para obter 100µg/ml, 50µg/ml, 12,5µg/ml, 6,250µg/ml,3,125µg/ml e 1,5625µg/ml de concentração.

A diluição mais elevada que apresenta pelo menos 99 % de inibição é considerada como MBC (concentração bactericida mínima).

Atividade antibacteriana

S.pyogens MTCC-442 e ***S.aureus***

MTCC-96 (bactérias Gram positivas) foram cultivadas em caldo de nutrientes e ***E.coli MTCC-443*** e ***P.areuginosa MTCC-1688*** (bactérias Gram negativas) em água peptonada (PW, 1% de peptona bacteriológica e 0,5% de NaCl) durante 24 horas. Cada composto purificado foi dissolvido em DMSO, esterilizado por filtração utilizando um filtro de vidro sinterizado e armazenado a 4°C. Para bactérias Gram positivas, cada agente foi então adicionado ao Caldo Todd Hewit e para bactérias Gram negativas, cada agente foi adicionado ao Caldo Muller Hinton nas seguintes concentrações (µg/ml): 1000, 500, 250,125. O pH do meio foi mantido a 7,2 -7,4. O tamanho dos inóculos para a estirpe de teste foi ajustado em 108 unidades formadoras de colónias (CFU). Estes foram então inoculados em tubos de ágar nutriente contendo uma quantidade crescente de um composto, incubados a 37°C até 24 horas para a determinação da concentração bactericida mínima (MBC).

Atividade antifúngica

C.albicans MTCC-227, A.nigerMTCC-282 e ***A. clavatus MTCC 1323*** foram utilizados para testar a atividade antifúngica utilizando o método de diluição em caldo. A cultura foi mantida em ágar de Sabouraud durante 72 horas. Isto permitiu um crescimento ótimo dos esporos dos fungos testados. Cada composto purificado foi dissolvido em DMSO, esterilizado por filtração utilizando um filtro de vidro sinterizado e armazenado. Cada agente foi então adicionado ao caldo Sabourose na seguinte concentração (µg/ml): 1000, 500, 250, 125. O pH do meio foi mantido a 7,2 - 7,4. O tamanho dos inóculos para a estirpe de teste foi ajustado em 108 unidades formadoras de colónias (CFU). Estes foram então inoculados em tubos de ágar de Sabouraud contendo uma quantidade crescente de um composto, incubados a 37°C até 24 horas, para determinação da concentração fungicida mínima (MFC). Os valores MBC e MFC dos medicamentos padrão estão registados na **Tabela IV e V.** Os valores MBC e MFC da solução de teste estão registados na **Tabela VI e VII.**

OS MEDICAMENTOS PADRÃO

Table IV: CONCENTRAÇÃO BACTERICIDA MÍNIMA (MICROGRAMA / ML)

ORGANISMO	*E. coli*	*P.aeruginos*	*S.aureus*	*S.pyogenes*
	MTCC 443	MTCC1688	MTCC 96	MTCC442
DROGAS				
GENTAMICINA	0.05	1	0.25	0.5
CIPROFLOXACINA	25	25	50	50
CLORANFENICOL	50	50	50	50
AMPICILINA	100	100	250	100

Table V: CONCENTRAÇÃO FUNGICIDA MÍNIMA (MICROGRAMA / ML)

ORGANISMO	*CALBICANS*	*A.NIGER*	*A.CLAVATUS*
	MTCC 227	MTCC 282	MTCC 1323
DROGAS			
NYSTSTIN	100	100	100
GRESEOFULVINA	500	100	100

ACTIVIDADE ANTIBACTERIANA dos COMPOSTOS SINTÉTICOS

Table VI: TABELA DE ACTIVIDADE ANTIBACTERIANA

	CONCENTRAÇÃO BACTERICIDA MÍNIMA (MICROGRAMA/ML) (MBC)					
Compd. Não	R1	R	*E. coli*	*P.aeruginos*	*S.aureus*	*S.pyogenes*
			MTCC 43	MTCC1688	MTCC 96	MTCC442
1a	$-OCH_3$	-2" ,5 -dicloro"	250	250	500	250
1b	$-OCH_3$	4"$-OCH_3$	500	250	250	500

1c	-OCH_3	4"-CH_3	>1000	>1000	>1000	>1000
1d	-OCH_3	4"-OH	500	>1000	500	500
1e	-OCH_3	4" -NO_2	>1000	500	500	>1000
1f	-F	-2" ,5 -dicloro"	250	500	250	250
1g	-F	4"-OCH	250	500	250	250
1h	-F	4"-CH_3	500	>1000	500	>1000
1i	-F	4"-OH	500	500	>1000	500
1j	-F	4" -NO_2	>1000	500	>1000	500

ACTIVIDADE ANTIFUNGAL dos COMPOSTOS SINTÉTICOS

Quadro VII: QUADRO DE ACTIVIDADES ANTIFÚNGICAS

	CONCENTRAÇÃO FUNGICIDA MÍNIMA (MICROGRAMA/ML) (MFC)				
Compd. Não	R1	R	***Galbicans***	***A.niger***	***A.clavatus***
			MTCC 227	MTCC 282	MTCC 1323
1a	-OCH_3	-2" ,5 -dicloro"	250	250	500
1b	-OCH_3	4"-OCH_3	500	500	250
1c	-OCH_3	4" -CH_3	>1000	>1000	>1000
1d	-OCH_3	4"-OH	500	>1000	500
1e	-OCH_3	4" -NO_2	>1000	500	500
1f	-F	-2" ,5 -dicloro"	250	500	250
1g	-F	4"-OCH_3	250	500	500
1h	-F	4" -CH_3	500	>1000	>1000
1i	-F	4"-OH	>1000	500	500
1j	-F	4" -NO_2	>1000	500	>1000

CAPÍTULO-9

Resultados e discussão

Os resultados da atividade global sugerem que os novos compostos sintetizados apresentaram uma sensibilidade média contra os organismos de teste do que os medicamentos padrão. No entanto, é efectuada uma comparação interna.

Observou-se que o metoxi-fenilo e outros derivados de fenilo substituídos por metilo eram quase inactivos contra todas as bactérias. A substituição por dois halogéneos (-2",5"-dicloro) aumentou promissoramente a atividade antibacteriana. A substituição por metoxi aumentou moderadamente a atividade. No entanto, a substituição por hidroxilo não aumentou significativamente a atividade antibacteriana. A substituição do hidrogénio aromático pelo grupo nitro não aumentou a atividade antibacteriana.

Observou-se que o floro-fenilo e outros derivados de fenilo substituídos com metilo eram quase inactivos contra todas as bactérias. A substituição por dois halogéneos (-2",5"-dicloro) aumentou promissoramente a atividade antibacteriana. A substituição por metoxi aumentou moderadamente a atividade antibacteriana. No entanto, a substituição por hidroxilo não aumentou significativamente a atividade antibacteriana. A substituição do hidrogénio aromático pelo grupo nitro não aumentou a atividade antibacteriana.

O derivado fenil substituído por metilo é também muito menos eficaz como antifúngico. No entanto, a substituição do hidrogénio aromático por grupos como o halogéneo e o metoxi aumentou a atividade antifúngica para um bom nível.

De todos os compostos, o derivado 2",5"-dicloro-fenil apresentou a atividade antifúngica mais eficaz de todos. De um modo geral, observou-se que o halogéneo aumentou a atividade antibacteriana e a nitração na posição fenil aumentou a atividade antifúngica.

CAPÍTULO-10

Conclusão

No total, foram sintetizados 10 derivados de pirimidina-2-tiona. Estes compostos foram caracterizados para a elucidação da sua estrutura. Vários dados químicos e espectrais corroboram as estruturas pensadas. Os estudos antibacterianos e antifúngicos destes compostos indicam que, em geral, possuem uma atividade antimicrobiana promissora. Pode ser possível aumentar ainda mais a atividade antimicrobiana através de uma manipulação molecular adequada.

More Books!

I want morebooks!

Buy your books fast and straightforward online - at one of world's fastest growing online book stores! Environmentally sound due to Print-on-Demand technologies.

Buy your books online at
www.morebooks.shop

Compre os seus livros mais rápido e diretamente na internet, em uma das livrarias on-line com o maior crescimento no mundo! Produção que protege o meio ambiente através das tecnologias de impressão sob demanda.

Compre os seus livros on-line em
www.morebooks.shop

info@omniscriptum.com
www.omniscriptum.com

OMNIScriptum

MIX
Papier aus verantwortungsvollen Quellen
Paper from responsible sources
FSC® C105338

Printed by Books on Demand GmbH, Norderstedt / Germany